“十四五”江苏省职业教育首批在线精品课程配套教材
高等职业教育智能制造领域人才培养系列教材

第2版

工程制图与CAD习题集

主　编　李小琴　赵海峰
副主编　郭　丽　黄丽娟
参　编　宋　燕　朱铝芬　贺道坤　杨晓峰（企业）

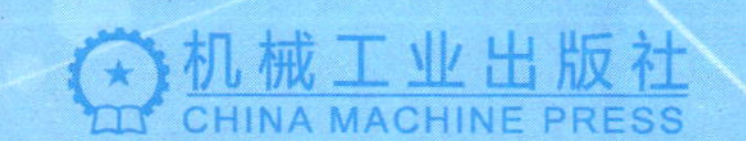
机械工业出版社
CHINA MACHINE PRESS

本书为“十四五”江苏省职业教育首批在线精品课程配套教材。本书是在智能制造大背景下，以立德树人、促进职教高质量发展为根本目标，以产教融合、岗课赛相结合为途径，广泛吸取同类教材的优点和行企业及学生高技能发展等对本课程知识和技能方面的要求，尊重高职高专教育特点和学生学习特点的基础上编写而成的。

本书是李小琴主编的《工程制图与 CAD 第 2 版》配套习题集。教材以完成任务为主线，习题集以任务中必需的知识技能点组织练习巩固，注重绘图基本功训练、三视图投影规律的理解和应用、各种表达方法的绘制和应用、根据零件图绘制装配图以及计算机软件绘图能力的训练。习题的难易程度兼顾，使用者可以根据需要选择完成。

本书重难点突出，配备部分习题微练习视频和图片，有利于使用者自行阅读和学习。本书可作为高等职业院校及成人高等院校的教材，也可作为电大等其他类型学校以及工程技术人员的参考用书。

图书在版编目（CIP）数据

工程制图与 CAD 习题集/李小琴，赵海峰主编. —2 版. —北京：机械工业出版社，2023. 12（2024. 10 重印）
高等职业教育智能制造领域人才培养系列教材
ISBN 978-7-111-74635-5

Ⅰ. ①工… Ⅱ. ①李… ②赵… Ⅲ. ①工程制图-AutoCAD 软件-高等职业教育-习题集 Ⅳ. ①TB237-44

中国国家版本馆 CIP 数据核字（2024）第 006713 号

机械工业出版社（北京市百万庄大街 22 号 邮政编码 100037）
策划编辑：薛 礼　　　　责任编辑：薛 礼
责任校对：宋 安 张 薇　　封面设计：鞠 杨
责任印制：郜 敏
三河市宏达印刷有限公司印刷
2024 年 10 月第 2 版第 3 次印刷
260mm×184mm · 8. 5 印张 · 206 千字
标准书号：ISBN 978-7-111-74635-5
定价：29. 80 元

电话服务　　　　网络服务
客服电话：010-88361066　　机 工 官 网：www. cmpbook. com
010-88379833　　机 工 官 博：weibo. com/cmp1952
010-68326294　　金 书 网：www. golden-book. com
封底无防伪标均为盗版　　机工教育服务网：www. cmpedu. com

第 2 版前言

本习题集与李小琴主编的《工程制图与 CAD》第 2 版教材配套使用，适合智能制造装备相关专业的学生使用，也可作为中高级职业资格和就业培训用书。本书具有以下特点：

（1）与配套教材框架一致，习题集为教材中各项任务的拓展与巩固，满足新学者通过练习进一步掌握相关知识与技能，符合课程理论与实践并重的特点。

（2）本习题集突出重难点，提高学生视觉体验。部分练习采用选择、填空、改错等题型，改变单一的绘图作业模式，使学生在有限的时间内，完成更多的练习。

（3）将计算机绘图分解到各个项目，可满足使用者使用计算机软件学习工程制图的相关内容，提高职业能力。

（4）本习题集全面贯彻现行的《技术制图》和《机械制图》国家标准。

本习题集为任课教师提供习题参考答案，也为学生提供部分习题的微练习视频和图片。

参与本习题编写的有南京信息职业技术学院李小琴、赵海峰、郭丽、黄丽娟、宋燕、朱铝芬、贺道坤等，英格索兰（中国）工业设备制造有限公司杨晓峰。

由于编者水平有限，书中难免存有疏漏、错误之处，恳请读者批评指正，并将意见和建议反馈至 E-mail：lixq@ njcit. cn。

编　者

第 1 版前言

本习题集与李小琴主编的《工程制图与 CAD》(ISBN：978-7-111-57763-8) 教材配套使用，适合机电类专业的学生使用，也可作为中高级职业资格和就业培训用书。本书在编写过程中注意了以下几点：

1) 与教材重点一致，项目 1、项目 2 对应练习注重基本功训练；项目 3~项目 5 重点在三视图基本知识、绘制和识读三视图，为学生熟练理解和掌握三视图投影规律而设置相应练习；项目 6~项目 9 对应四类零件及表达方法，强调如何选用各种方法来表达各类零件。项目 10 主要是识读、绘制装配图，在后续课程中也要用到，因此也增加了绘制装配图的练习。项目 11、项目 12 为 AutoCAD 计算机绘图对应练习。本习题集未安排零部件测绘的作业，可选用合适的部件，按照教材中的测绘方法和步骤完成作业。

2) 本习题集突出重难点，提高学生视觉体验。部分练习采用选择、填空、改错等题型，改变单一的绘图作业模式，使学生在有限的时间内完成更多的练习。

3) 在草绘之后的练习允许学生采用徒手绘图，若条件允许，也可允许学生使用计算机完成对应练习，提高与企业工作要求的匹配度。

4) 本习题集全面贯彻最新的《技术制图》《机械制图》等国家标准。

本习题集为任课教师提供习题参考答案，也为学生提供部分习题的微练习视频。

本习题集由南京信息职业技术学院李小琴主编，黑龙江职业技术学院杨书婕、南京信息职业技术学院赵海峰任副主编，南京信息职业技术学院郭丽、黄丽娟任参编。南京信息职业技术学院舒平生审阅了全书，并提出了许多宝贵意见，在此谨表感谢！

由于编者水平有限，书中难免有疏漏之处，恳请读者批评指正，并将意见和建议反馈至 E-mail：lixq@ njcit. cn。

编　者

目　录

项目 1 认识和绘制平面图形

任务 1.1 正确使用工具绘制图线

一、字体练习

班 级______ 学 号______ 姓 名______ 成 绩______

1. 按照字帖进行字体练习。

图样上字体工整笔画清楚间隔均匀排列整齐长
仿宋体字横平竖直注意起落结构匀称填满方格
标题栏学校设计绘图校核姓名班级图号数重量
零部件名称螺钉栓母垫圈片开口销键弹簧滚动
轴承珠锥针球齿轮蜗杆汽箱体座底壳叉支架法

2. 按示例在空行处书写数字。

0 1 2 3 4 5 6 7 8 9 φ R

3. 按示例在空行处书写字母。

ABCDEFGHIJKLMNOPQRSTUVWXYZ

abcdefghijklmnopqrstuvwxyz

二、图线练习

班　级______　　学　号______　　姓　名______　　成　绩______

在指定位置，按示例抄画图线。

(1)

(2)

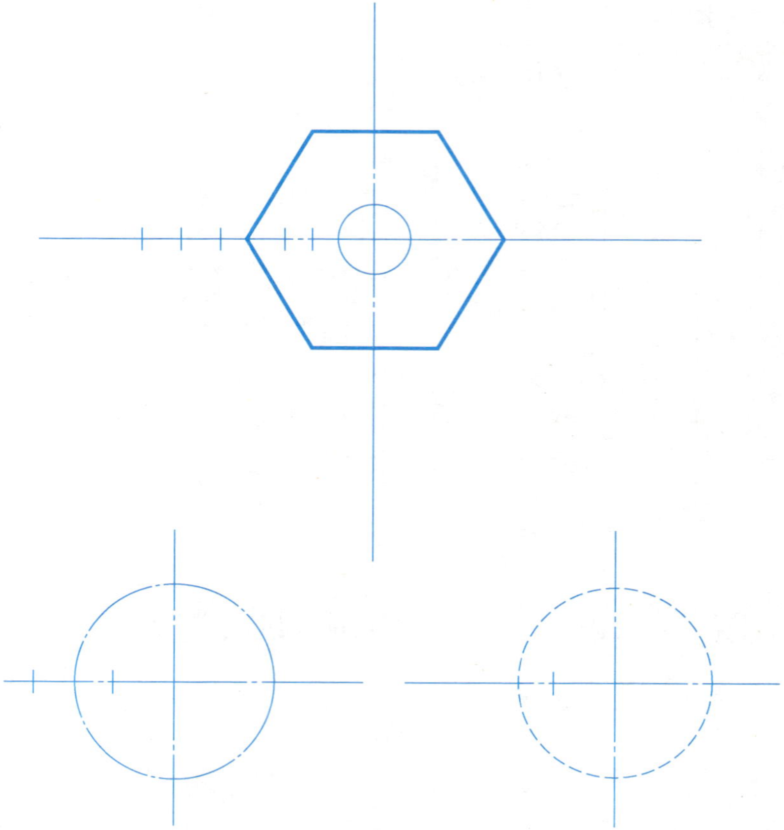

任务 1.2　绘制花窗图

一、等分线段

班　级______　学　号______　姓　名______　成　绩______

1. 将下图按尺寸抄画在指定位置。

2. 将下图按尺寸抄画在指定位置。

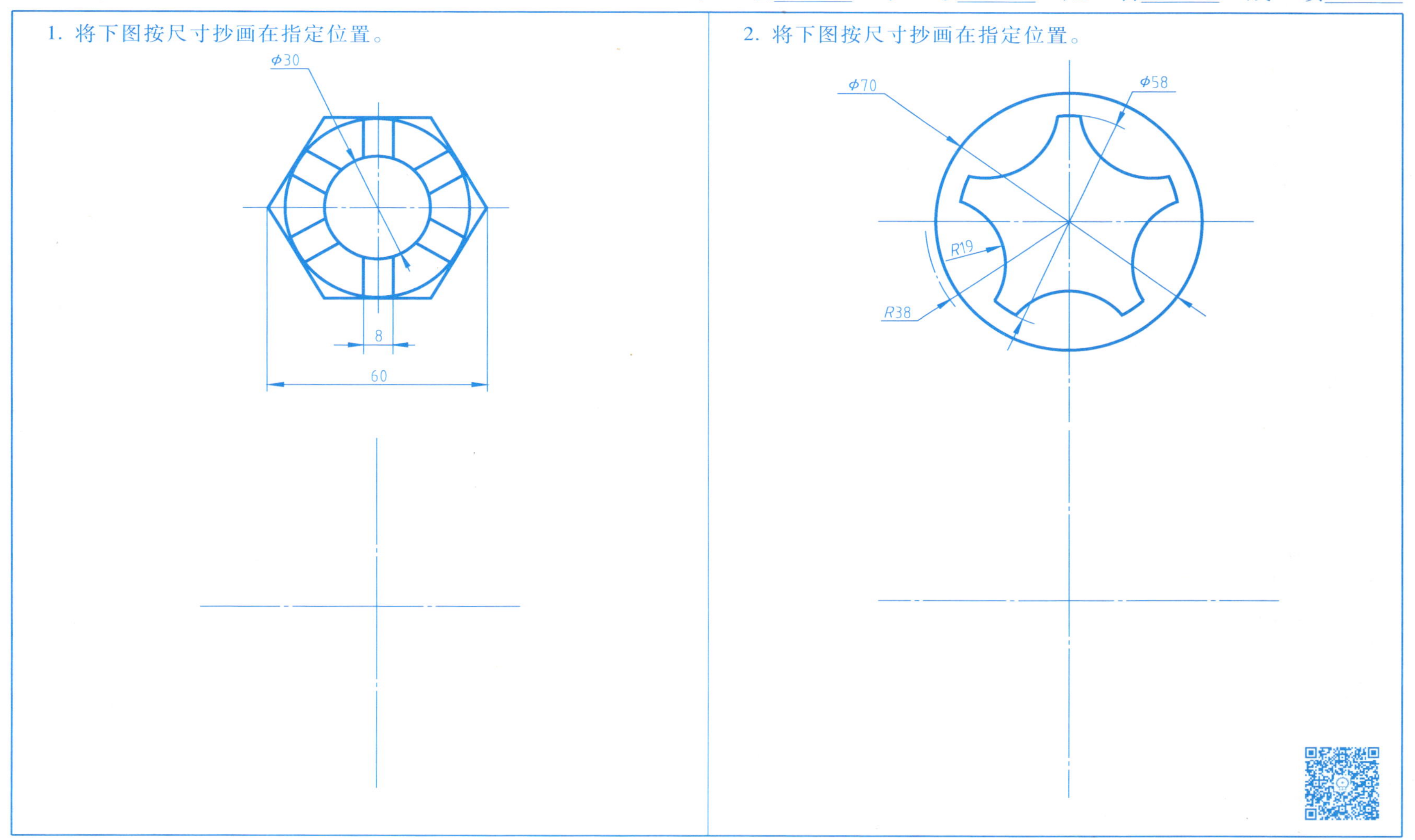

1. 参照右上角示例，完成下图 1：8 的斜度。

2. 参照右上角示例，完成下图 1：3 的锥度。

3. 参照右上角示例，完成斜度和锥度的综合作图（1：1）。

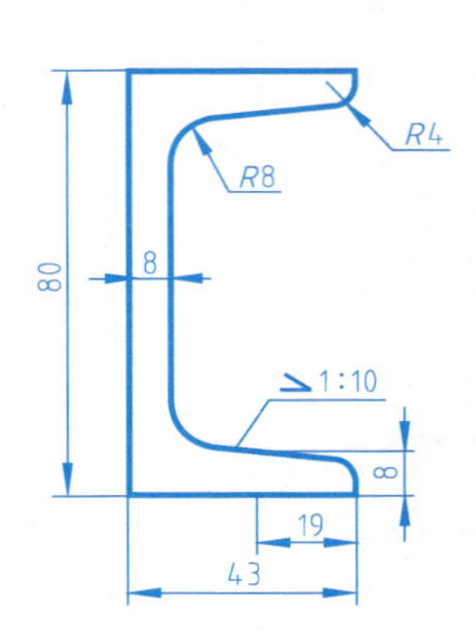

任务 1.3　绘制手柄平面图

一、圆弧连接

班　级______　学　号______　姓　名______　成　绩______

按照图例标注尺寸，完成下图圆弧的连接，标记连接弧的圆心和切点。	
（1）	（2）

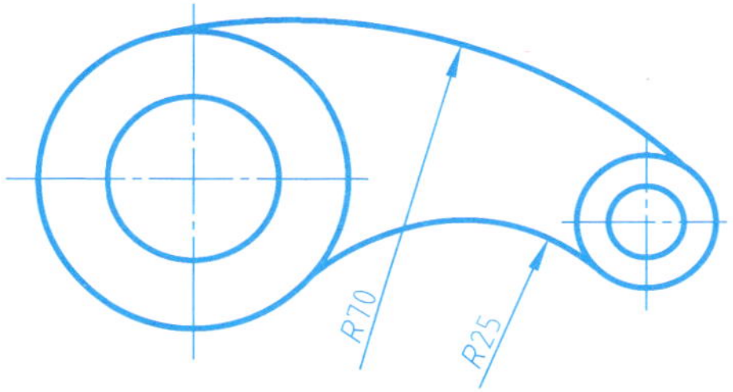

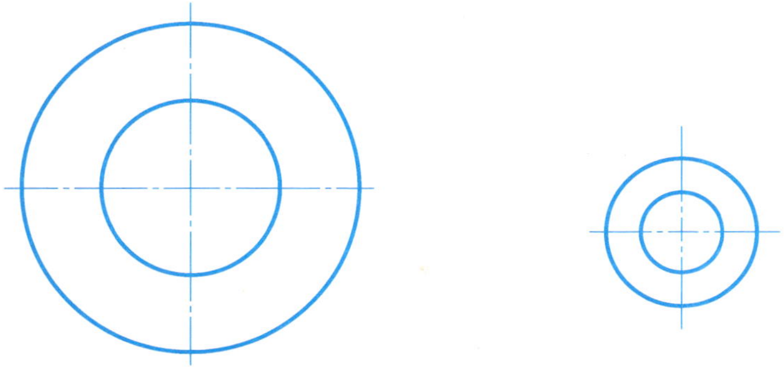

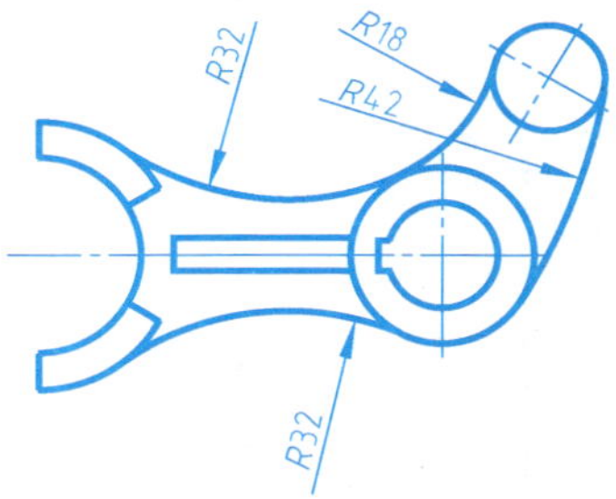

R70
R25
R32
R18
R42
R32

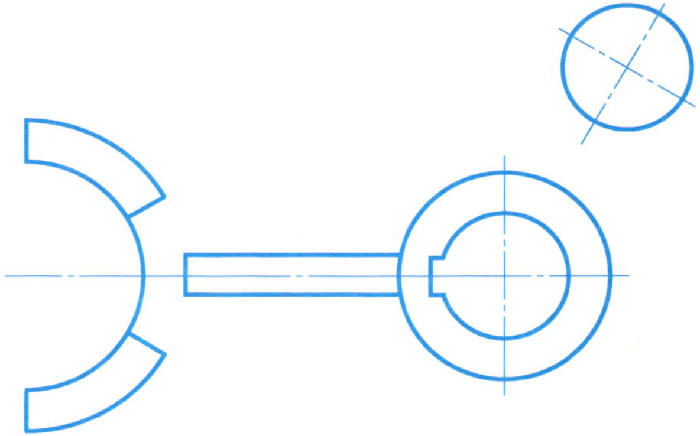

二、尺寸标注改错

班　级______　学　号______　姓　名______　成　绩______

圈出图中错误的尺寸标注，并在空白图上正确标注。

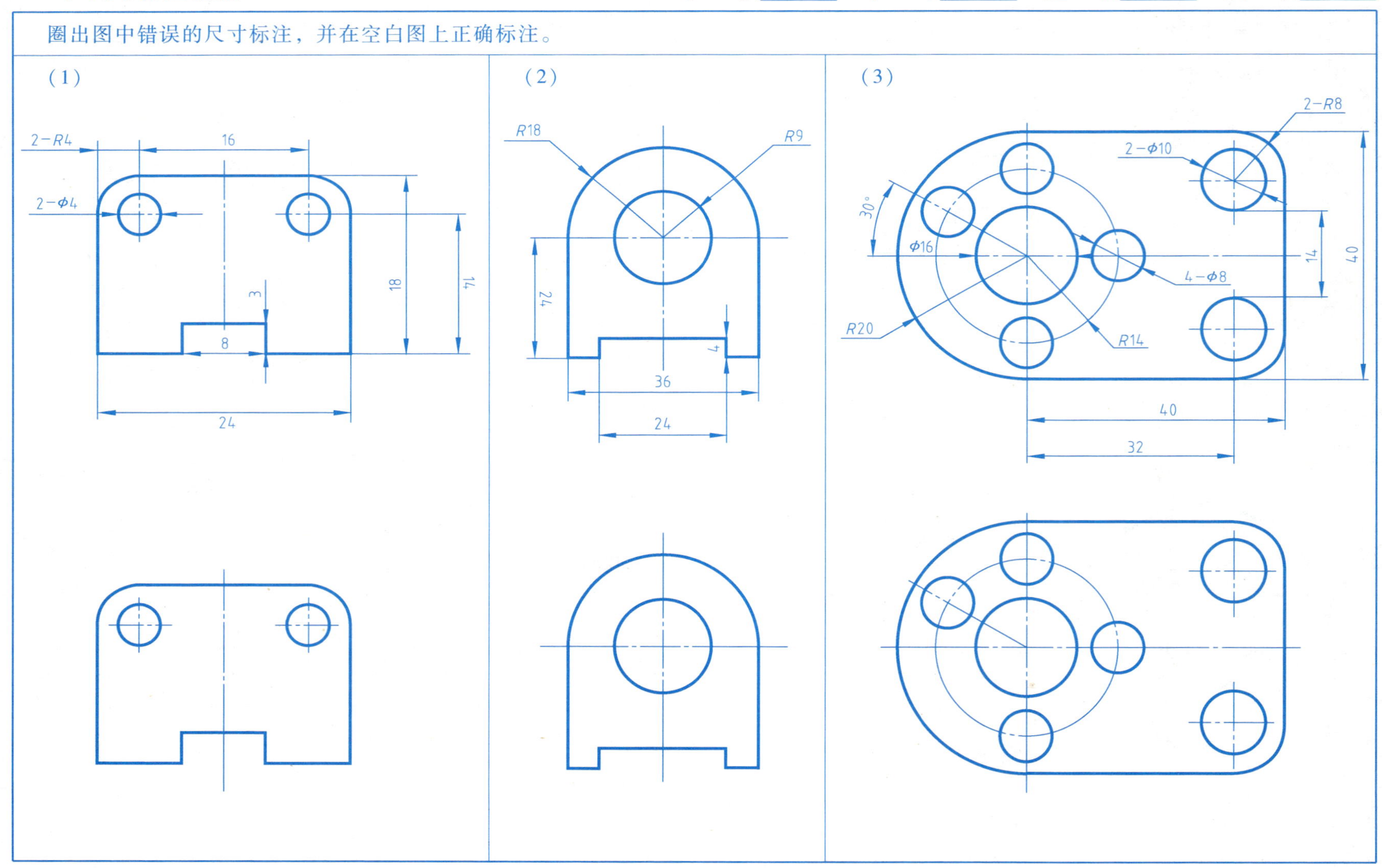

三、绘制吊钩平面图

班　级______　学　号______　姓　名______　成　绩______

作业指导书

（1）绘图步骤

1）根据图形尺寸，选择合适的图纸和比例。

2）分析图形：分析图中的尺寸作用及线段种类，确定作图步骤。

3）画底稿：①画出图形的基准线、对称线及圆的中心线等；②按已知线段、中间线段、连接线段的顺序画出图形。

4）检查底稿。

5）铅笔加深图线。

6）标注尺寸。

7）填写标题栏。

（2）注意事项

1）布置图形时，应合理考虑图形位置，并留出尺寸标注空间。

2）打底稿时，作图线应轻而准确，并标记连接弧的圆心和切点，以便加深时找出。

3）加深时按“先曲后直、先水平后竖直和倾斜”的顺序，同时做到同类线型粗细一致，间隔一致。

4）标注时箭头应符合国标，大小一致。

5）字体和数字按标准填写。

6）图线连接应光滑。

7）图面保持整洁。

使用 A4 图纸按 1∶1 比例绘制吊钩。

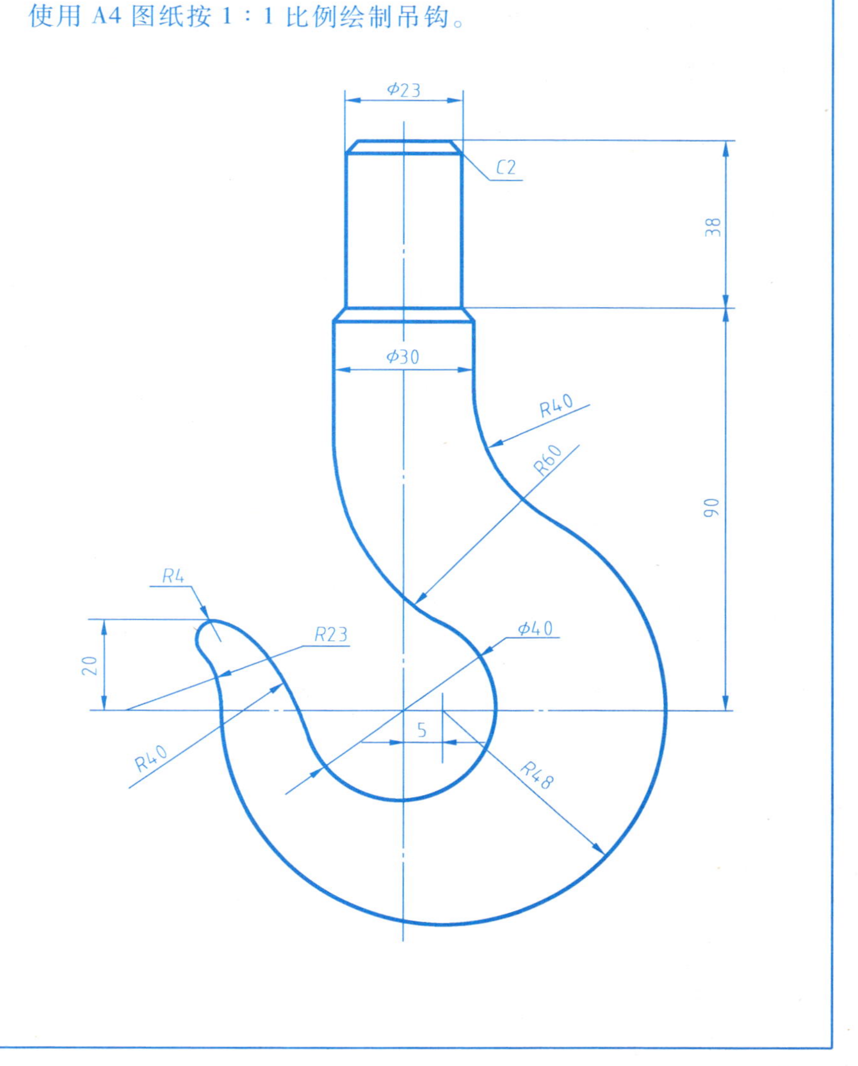

任务 1.4 用 AutoCAD 绘制扳手平面图

一、设置 A3 样板文件

班 级______ 学 号______ 姓 名______ 成 绩______

按照以下格式要求设置并保存为 A3. dwt 样板文件。

（1）绘制 A3 图框，并按国标留出装订边。

（2）图层设置如下。

状态	名称	开	冻	锁	打	颜色	线型	线宽	透明度	新	说明
✓	0					白	Continuous	—— 默认	0		
	尺寸标注					蓝	Continuous	—— 0.25...	0		
	粗实线					白	Continuous	—— 0.50...	0		
	点画线					红	CENTER	—— 0.25...	0		
	细实线					白	Continuous	—— 0.25...	0		
	虚线					洋红	DASHED	—— 0.25...	0		

（3）按国标尺寸绘制标题栏（不需标尺寸），填写对应文字。

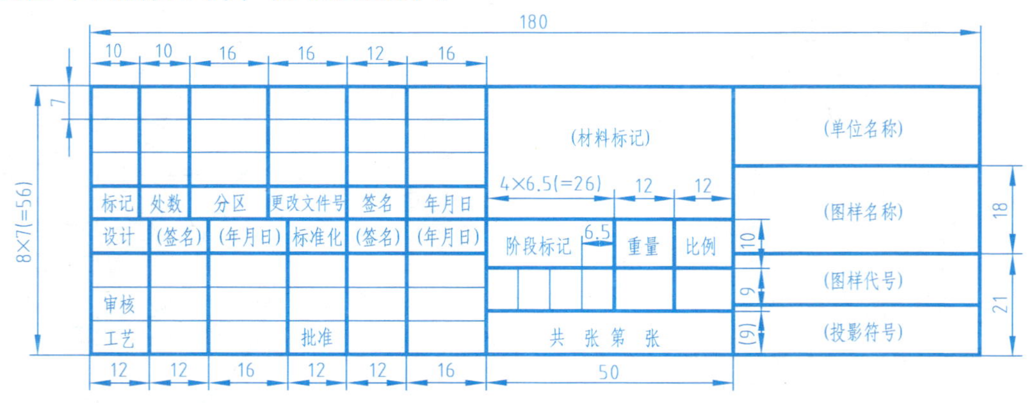

（4）文字样式：SHX 字体为“gbeitc. shx”，选择“使用大字体”，大字体类型为“gbcbig. shx”。

（5）标注样式：箭头大小“4”，文字大小“5”、ISO 标准，选择“手动放置尺寸”主单位精度 0. 00，选择“后续消零”。设置好后将样式置为当前。

（6）将设置好的文件保存为 A3. dwt 样板文件。

利用 AutoCAD 绘制平面图形。

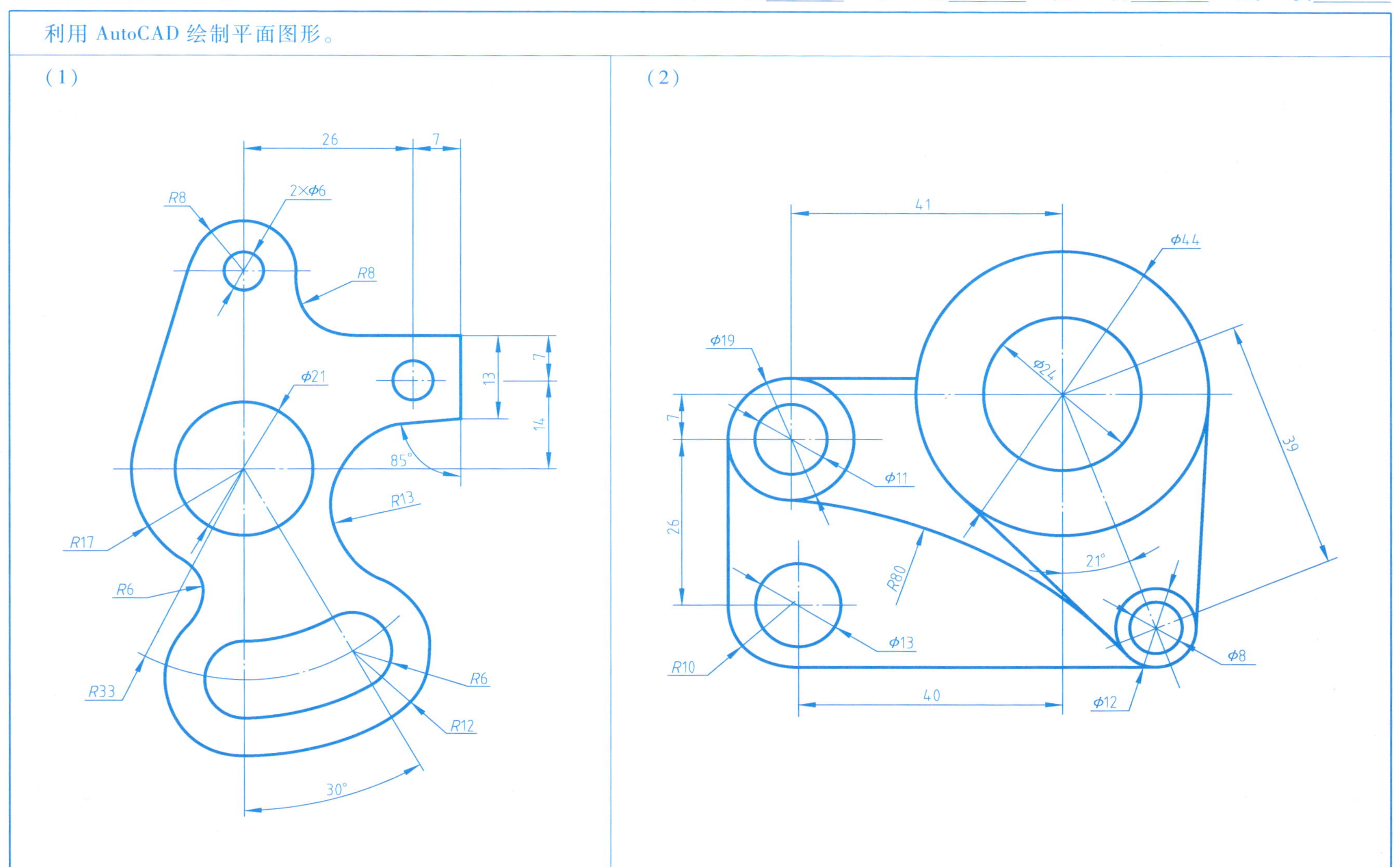

项目 2 认识投影，形成空间想象力

任务 2.1 识读和绘制点的投影

点的投影

班 级______ 学 号______ 姓 名______ 成 绩______

1. 已知 A、B、C 三点的两面投影，求作第三面投影，并量取各点到三个投影面的距离，完成表格。

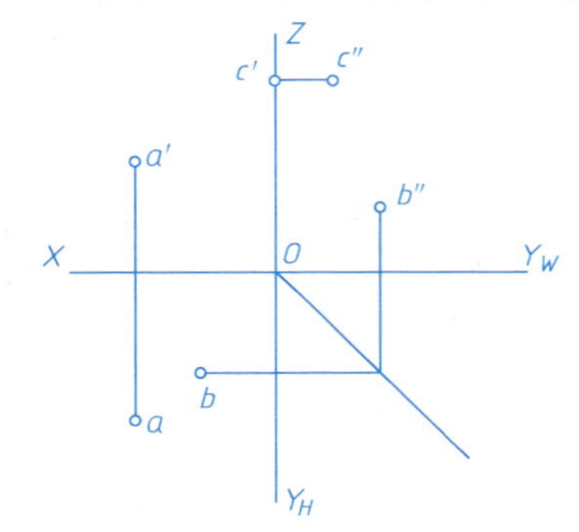

	距 H 面	距 V 面	距 W 面
A			
B			
C			

2. 完成点 A、B、C 的三面投影，判断图中 A、B、C 三点的相对位置关系并填空。

______点最左。

______点最右。

______点最前。

______点最后。

______点最上。

______点最下。

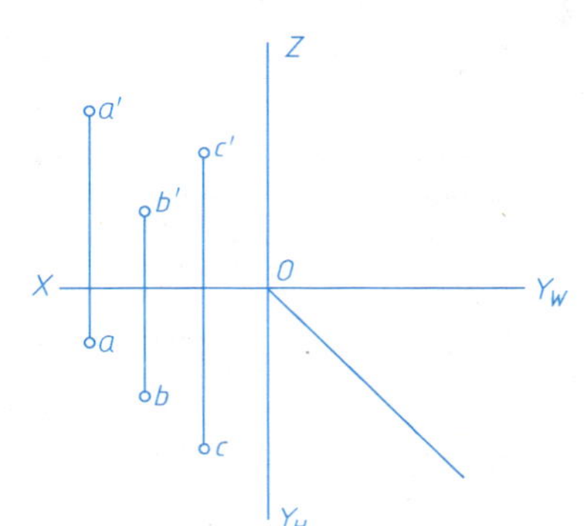

3. 已知 B 点在 A 点左方 25mm，在 A 点前方 10mm，比 A 点高 15mm，又知 C 点与 B 点同高，且 C 点的坐标 $X=Y=Z$。求作 A、B、C 三点的投影。

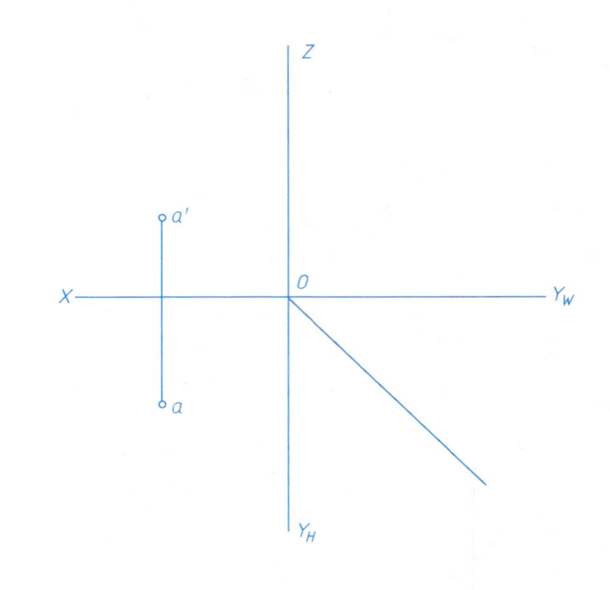

任务 2.2　识读和绘制直线的投影

一、直线的投影

班　级______　学　号______　姓　名______　成　绩______

1. 画出下列直线的第三面投影，并判别其相对投影面的位置。

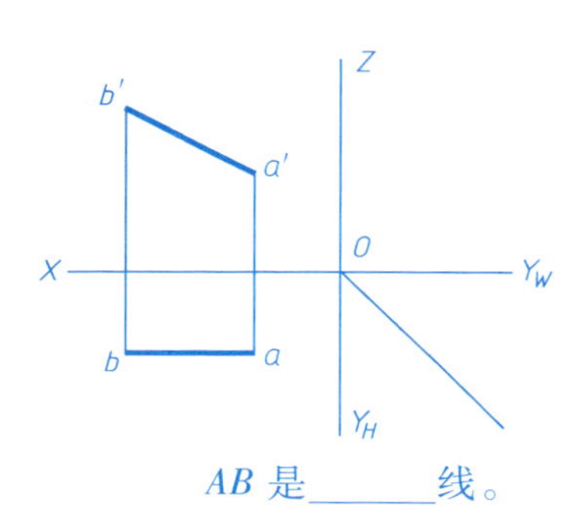

AB 是______线。

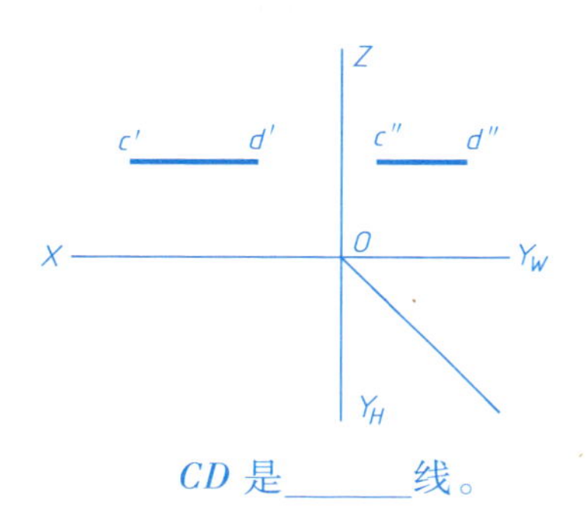

CD 是______线。

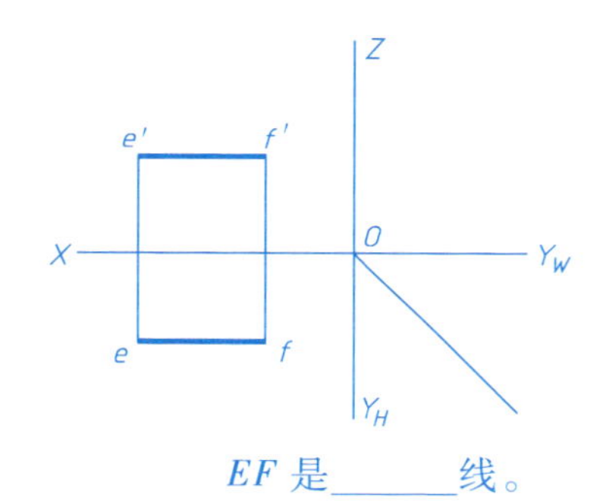

EF 是______线。

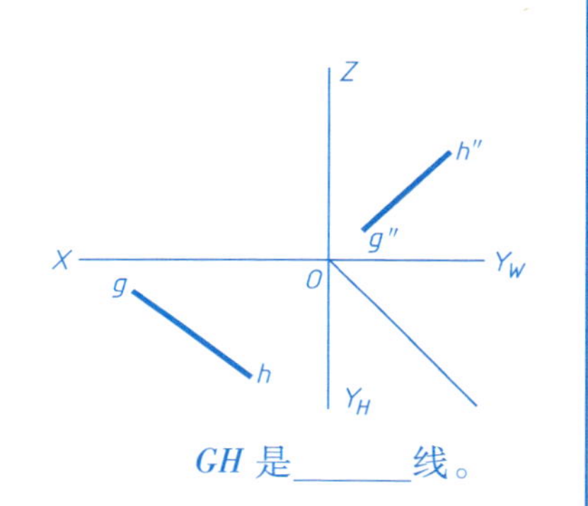

GH 是______线。

2. 识别标注出下列物体上各直线的投影，并填空。

(1)

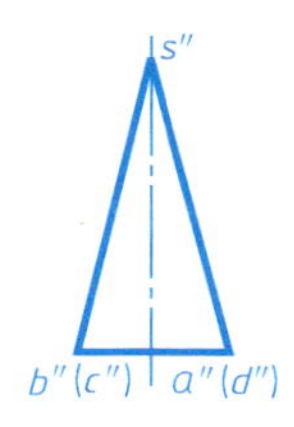

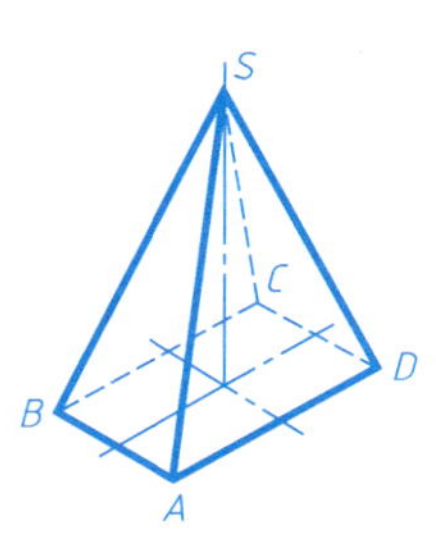

AB 是______线。
AD 是______线。
SA 是______线。

(2)

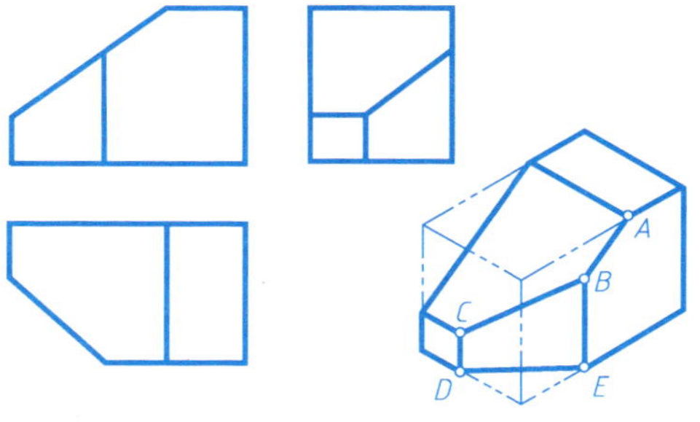

AB 是______线。
BC 是______线。
BE 是______线。
DE 是______线。

(3)

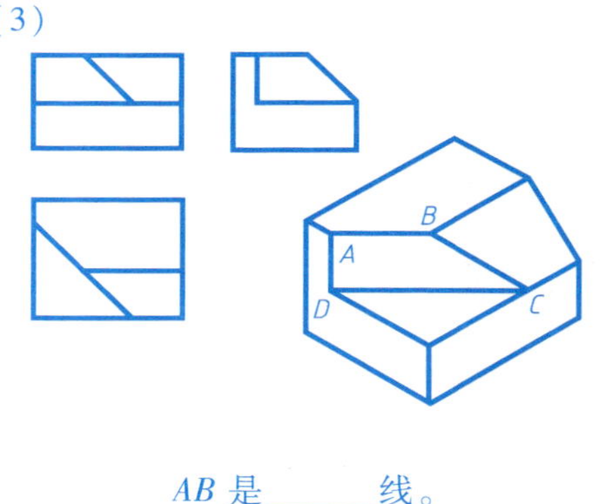

AB 是______线。
BC 是______线。
CD 是______线。
AD 是______线。

3. 已知直线 *AB* 的两端点 *A*、*B*，其中 *A* 点距 *H*、*V*、*W* 面的距离分别为 10mm、15mm、20mm，*B* 点在 *A* 点的左面 10mm、后面 5mm、下面 5mm，完成直线 *AB* 的三面投影。

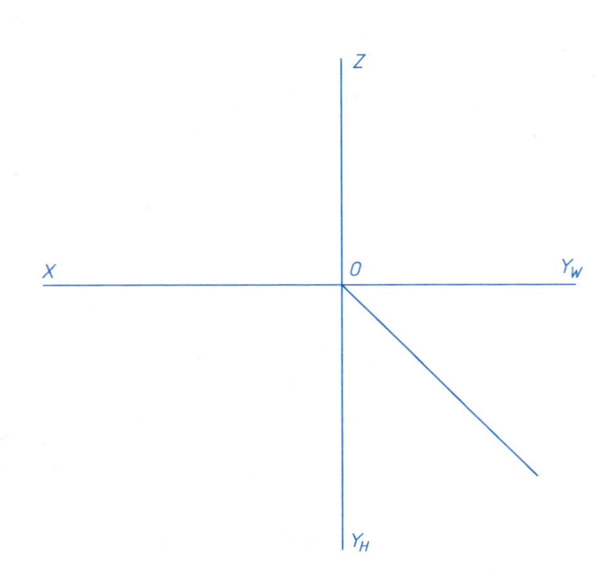

4. 已知直线 *AB* 为正平线，距 *V* 面为 15mm，与 *H* 面夹角为 30°，实长为 30mm，*B* 点在 *W* 面上，其 *Z* 坐标为 20，*A* 点在 *B* 点左下方，求作直线 *AB* 的投影。

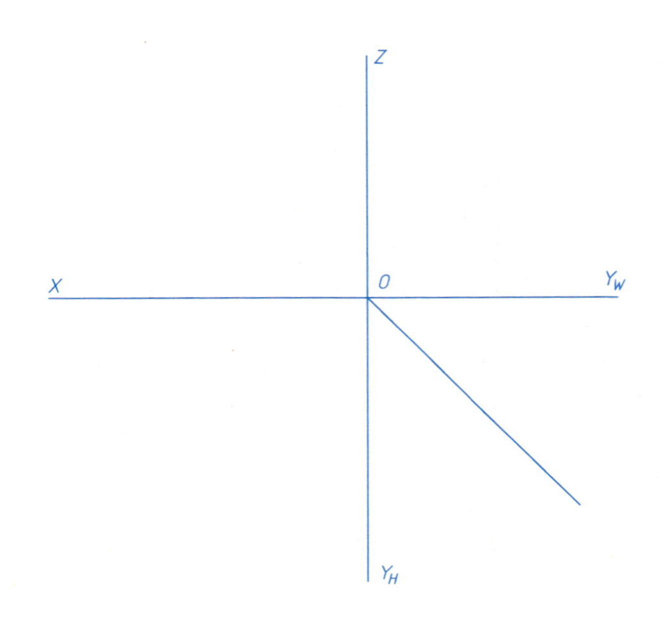

二、直线的相对位置

班 级______ 学 号______ 姓 名______ 成 绩______

1. 判断两直线的相对位置。

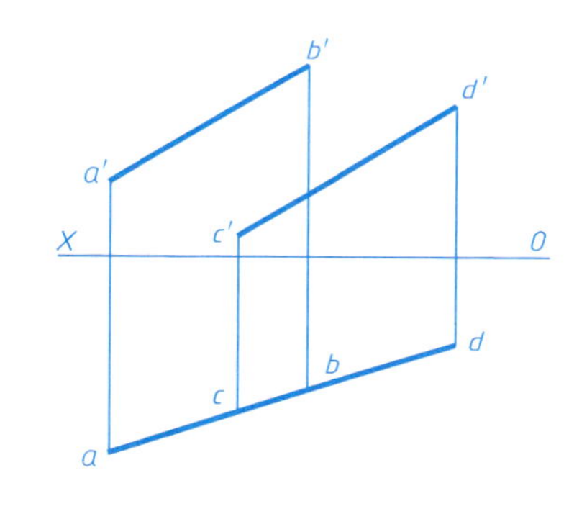

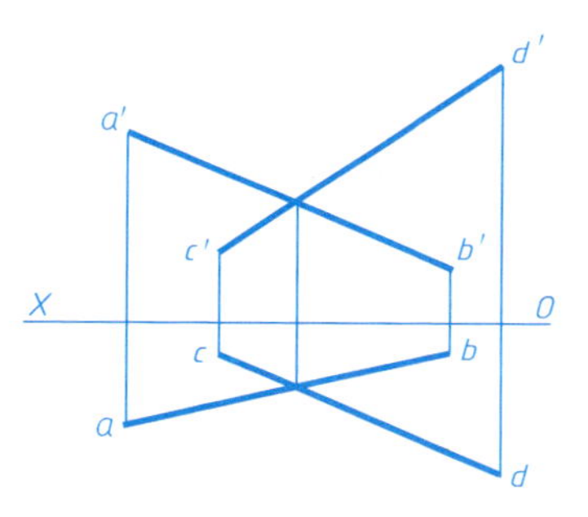

______ ______

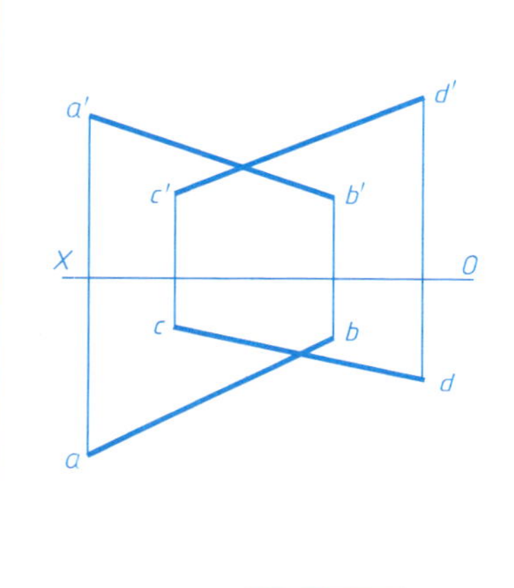

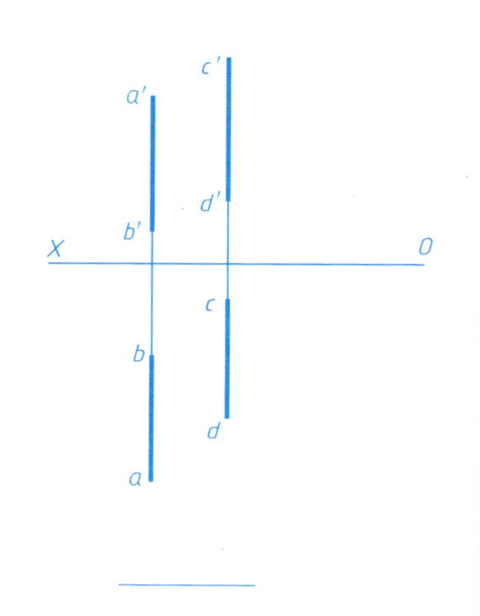

______ ______

2. 用字母标出重影点的投影及判断可见性。

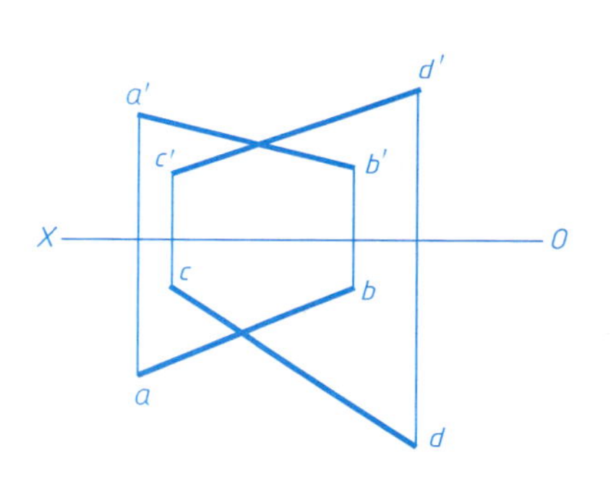

3. 作直线 EF，既与 AB 平行，又与 CD 相交。

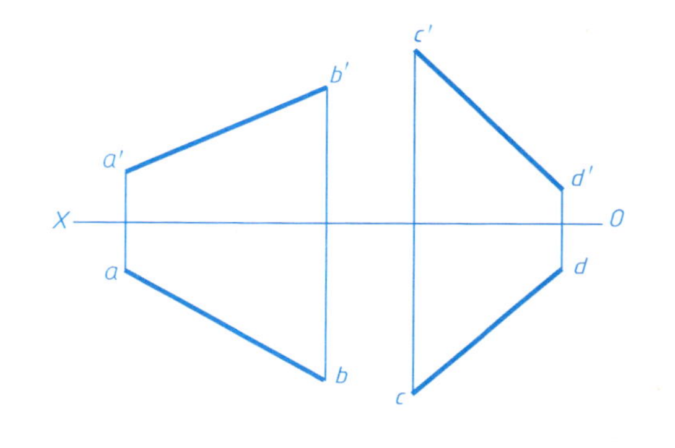

任务 2.3　识读和绘制平面的投影

平面的投影　　　　班　级______　学　号______　姓　名______　成　绩______

1. 在投影图上标出指定平面的其余两面投影，在立体图上用相应大写字母标出各平面位置并填空。

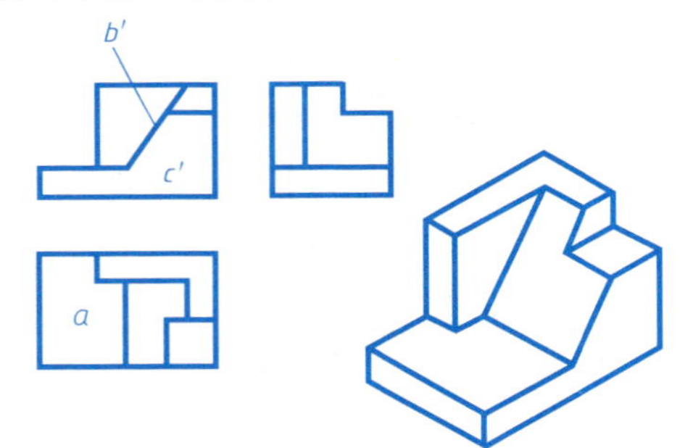

A 面是______面，B 面是______面，C 面是______面。

2. 根据轴测图，在投影图中将 A、B、C、D、E 面的三面投影标示出来并填空。

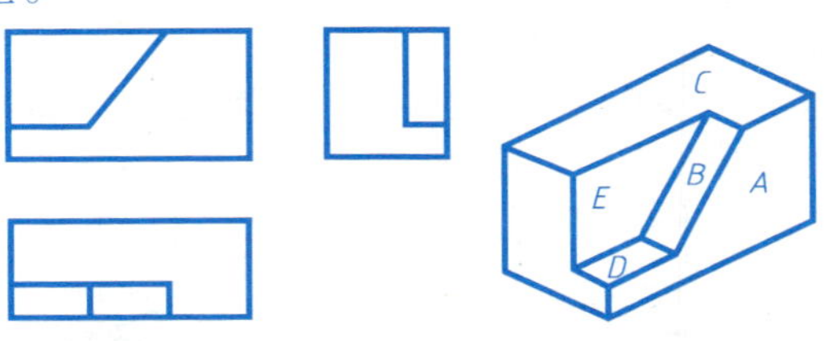

A 面平行于______面，在______面上反映实形。

B 面平行于______面，在______面上积聚直线。

C 面平行于______面，在______面和______面上积聚为线。

C 面在 D 面______（上或下），E 面在 A 面______（前或后）。

3. 根据投影，判断平面的种类。

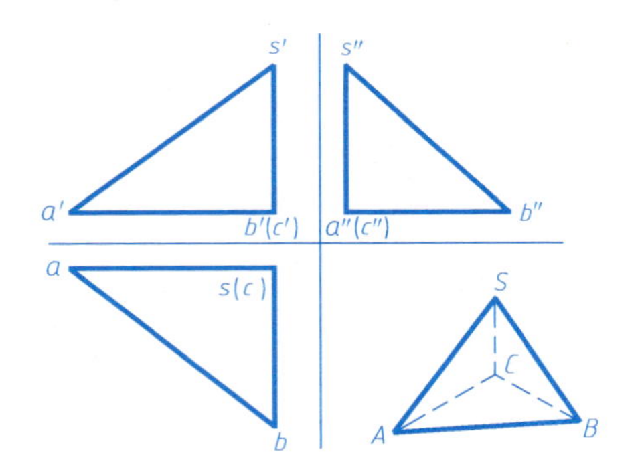

SAB 为______面，SAC 为______面，ABC 为______面。

4. 根据投影，完成填空。

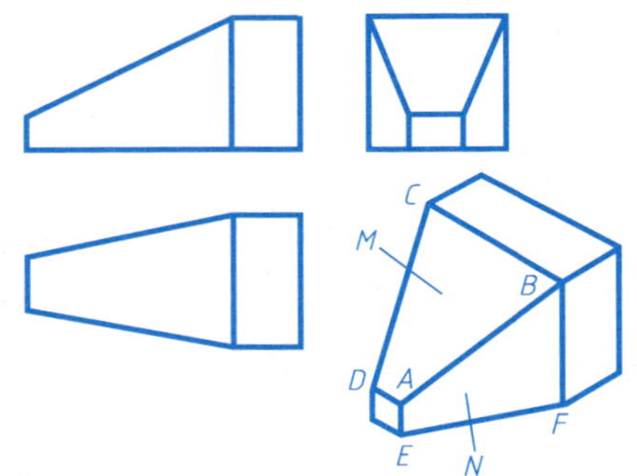

梯形 ABCD（面 M）是________面。

直角梯形 ABFE（面 N）是________面。

AB 是______线，BC 是______线，BF 是______线。

5. 已知平面的两面投影，完成其第三面投影。

(1)

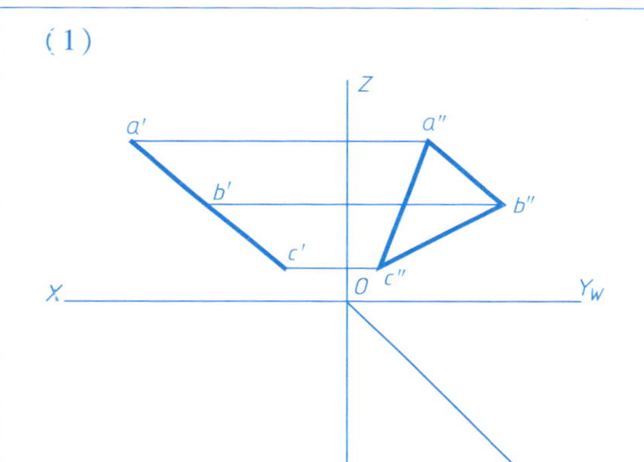

______面。

(2)

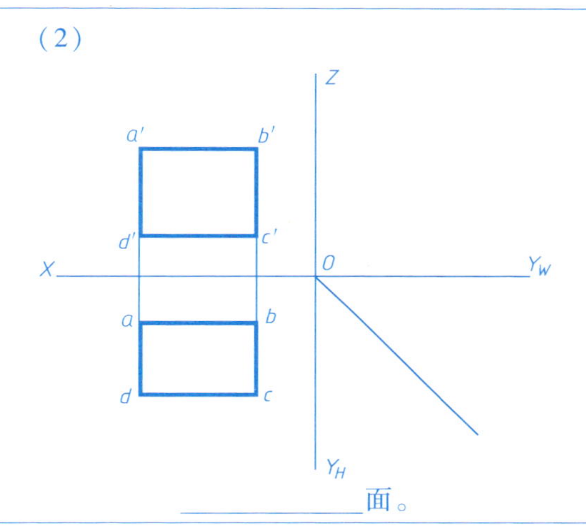

______面。

(3)

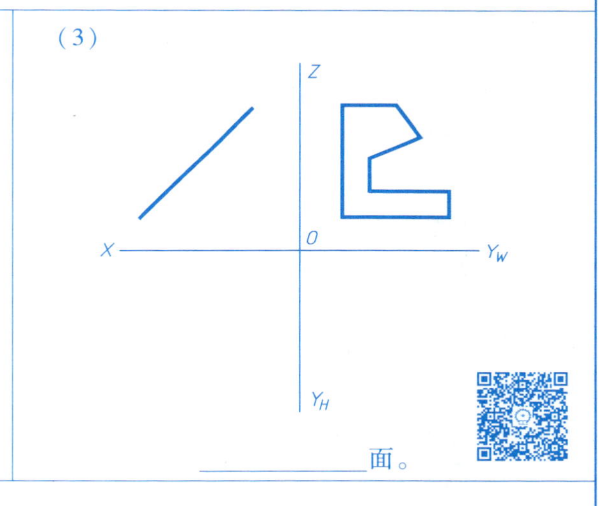

______面。

6. 根据要求作图。

(1) *E*、*F* 是平面 *ABCD* 内两点，求这两点的另一面投影。

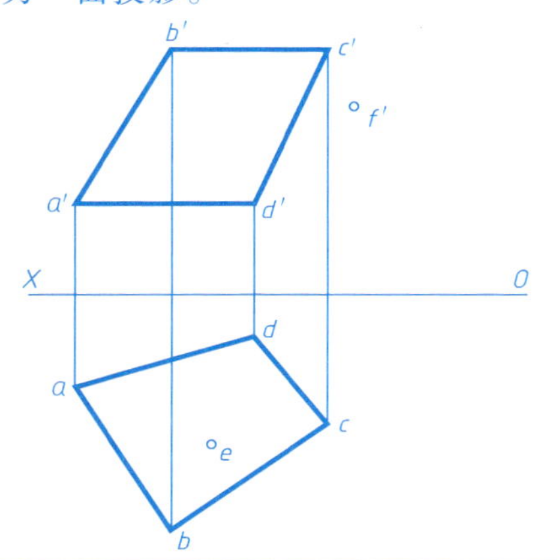

(2) 已知点 *K* 属于△*ABC* 所在平面，完成△*ABC* 的正面投影。

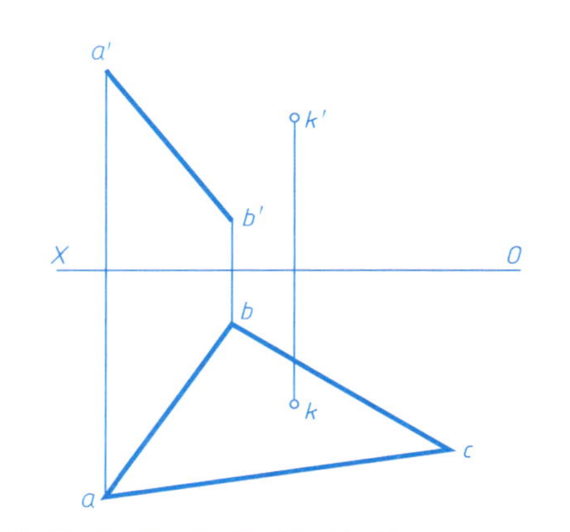

(3) 已知平面 *ABCDE* 的对角线 *AC* 为正平线，完成 *ABCDE* 的正面投影。

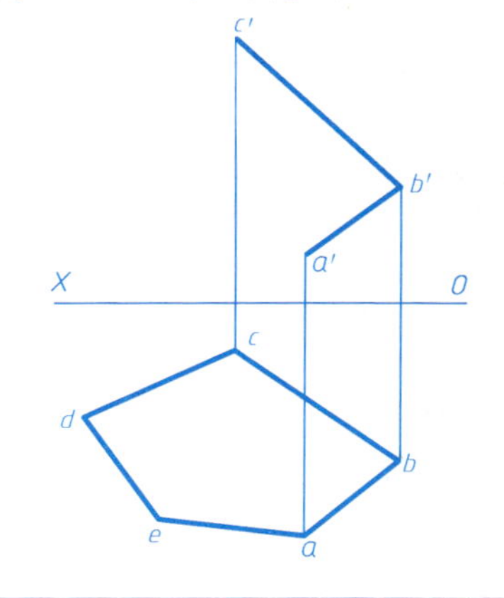

项目3　简单形体的表达与识读

任务3.1　绘制电气按钮三视图

一、平面立体三视图

班　级______　学　号______　姓　名______　成　绩______

已知立体的两个视图，补画出第三个视图，并标注尺寸（尺寸在图中量取并取整）。

（1）

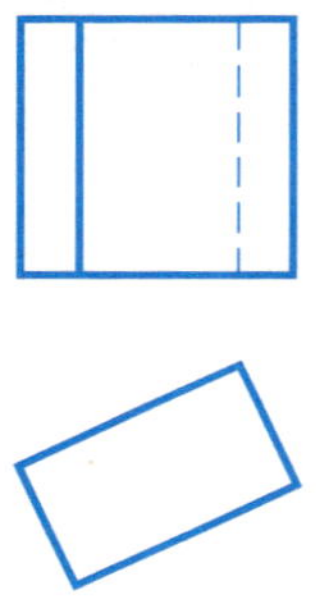

（2）

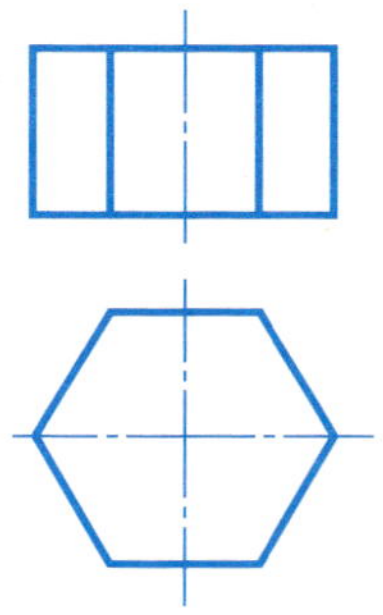

（3）

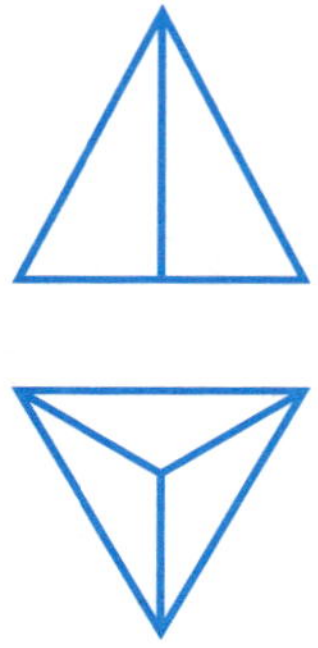

（4）

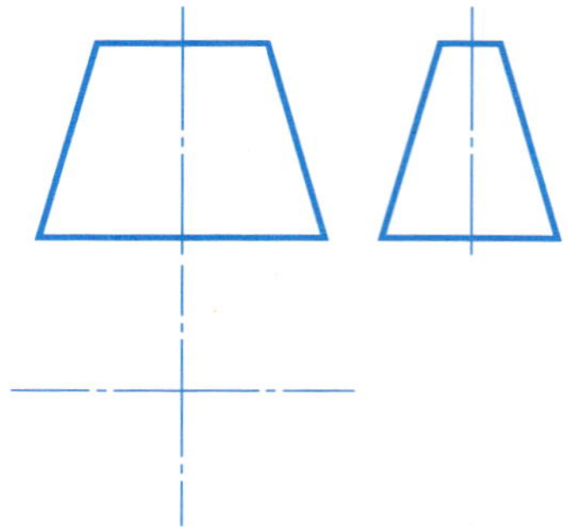

二、曲面立体三视图

班　级______　学　号______　姓　名______　成　绩______

已知立体的两个视图，补画出第三个视图，并标注尺寸（尺寸在图中量取并取整）。

（1）

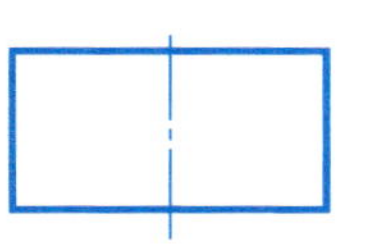

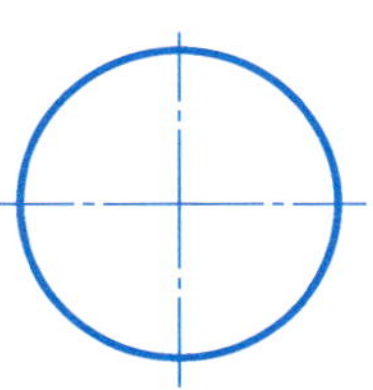

（2）

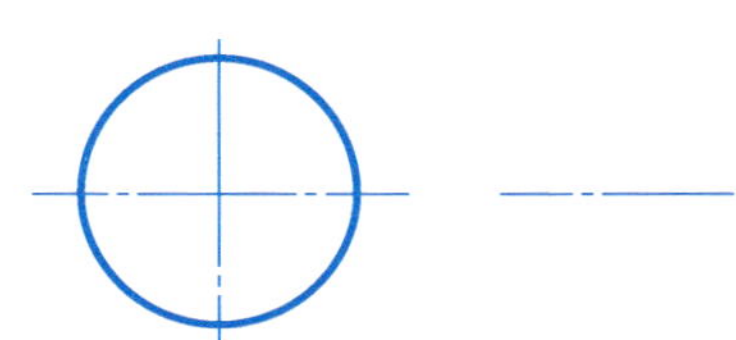

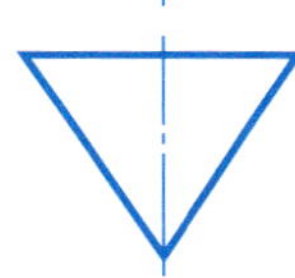

（3）

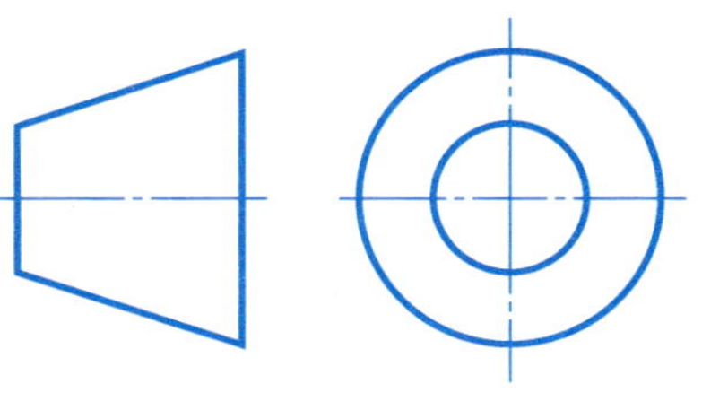

（4）

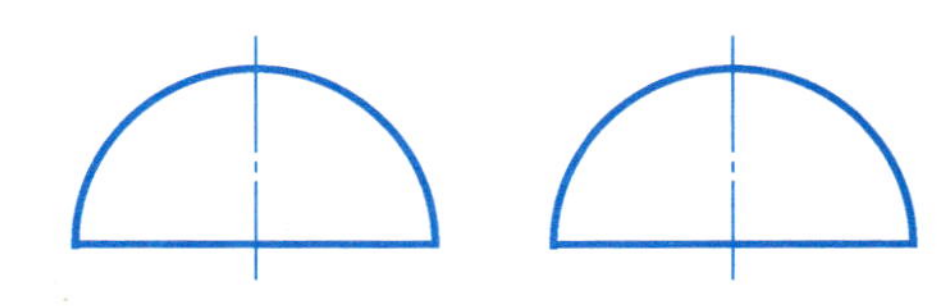

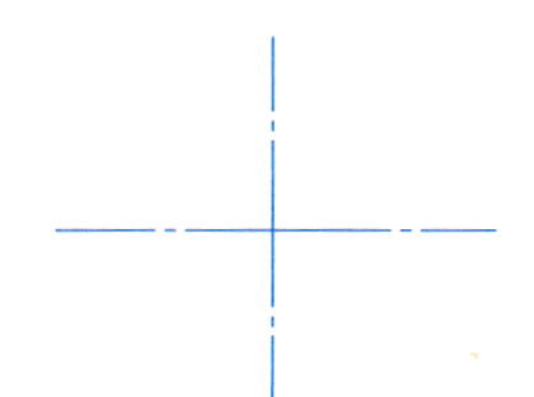

任务 3.2　绘制斜切正六棱柱三视图

一、平面立体表面取点

班　级______　学　号______　姓　名______　成　绩______

已知立体的两个视图，补画出第三个视图，并作出立体上点的投影。

(1)

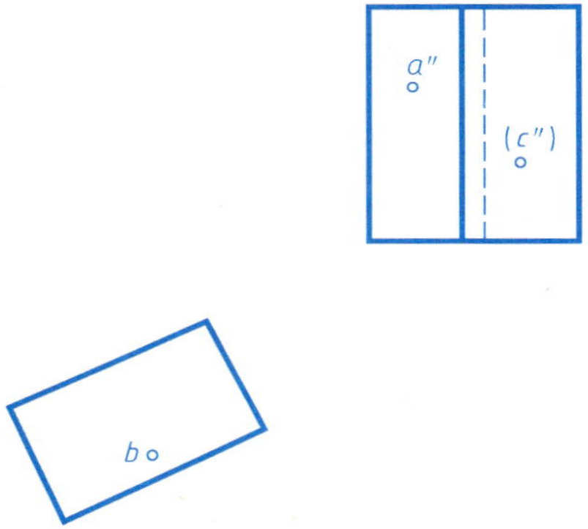

a''　(c'')

b

(2)

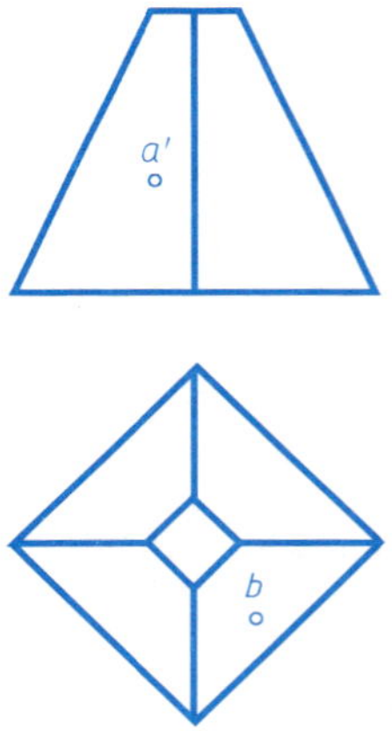

a'

b

(3)

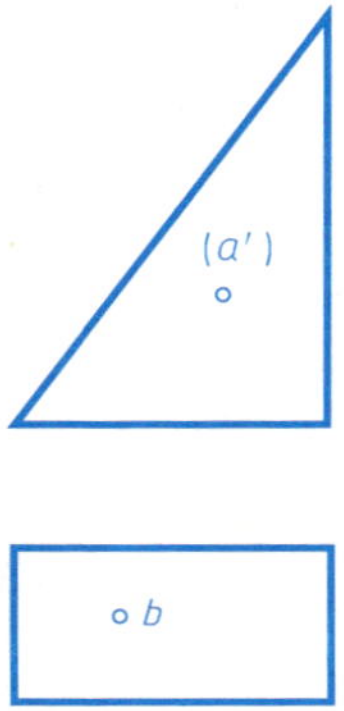

(a')

b

(4)

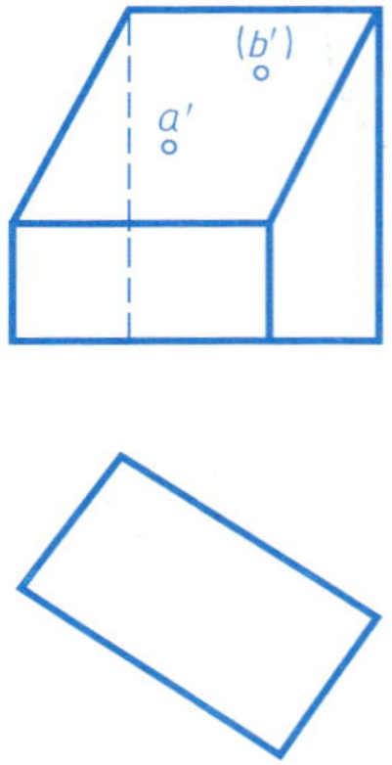

(b')　a'

二、单个截平面截切平面立体

班 级______ 学 号______ 姓 名______ 成 绩______

根据已有的视图，补画缺少的视图或图线。

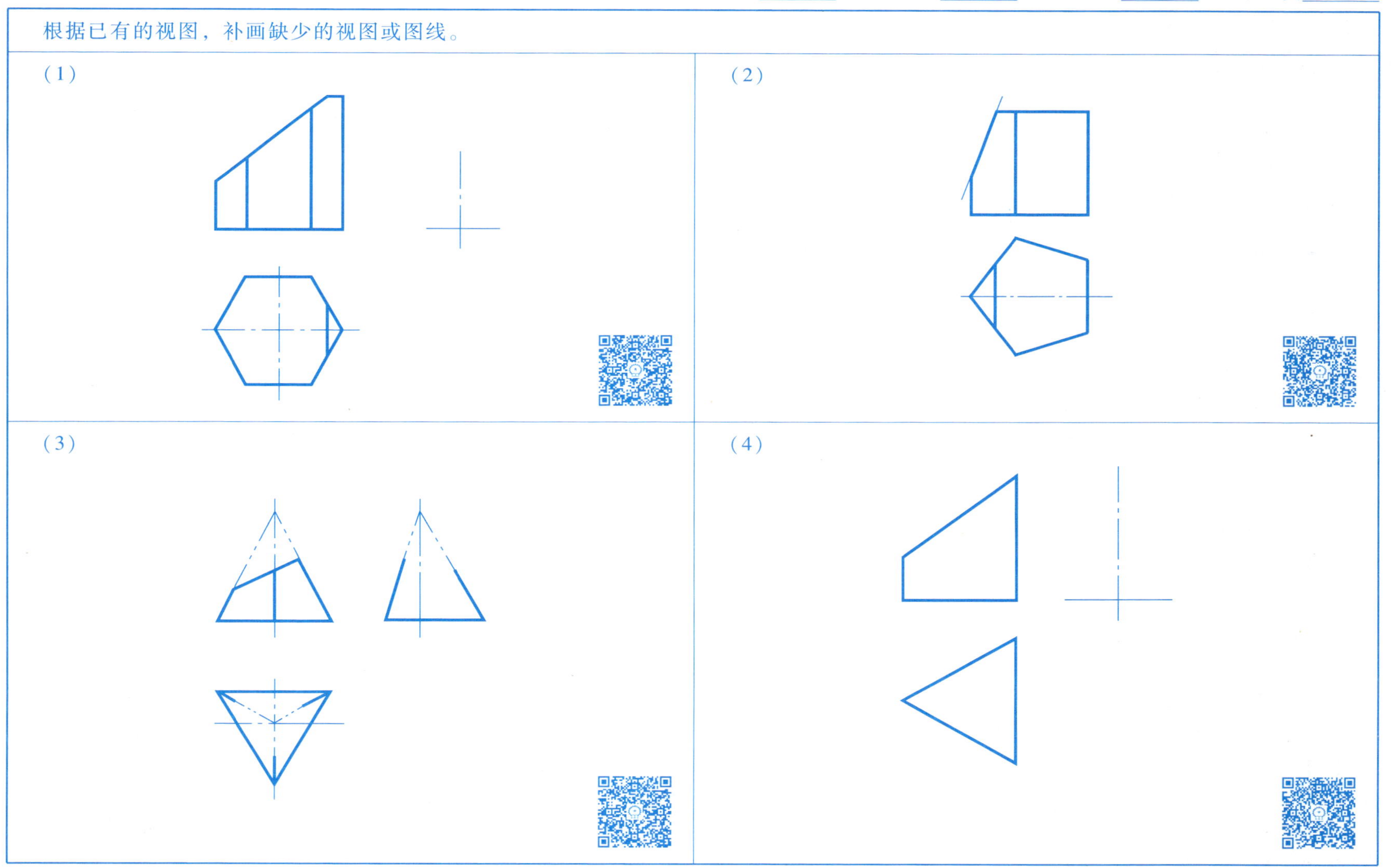

任务 3.3　绘制 V 形块三视图

多个截平面截切平面立体　　　班　级______　学　号______　姓　名______　成　绩______

1. 根据立体图，补画三视图中缺少的图线。

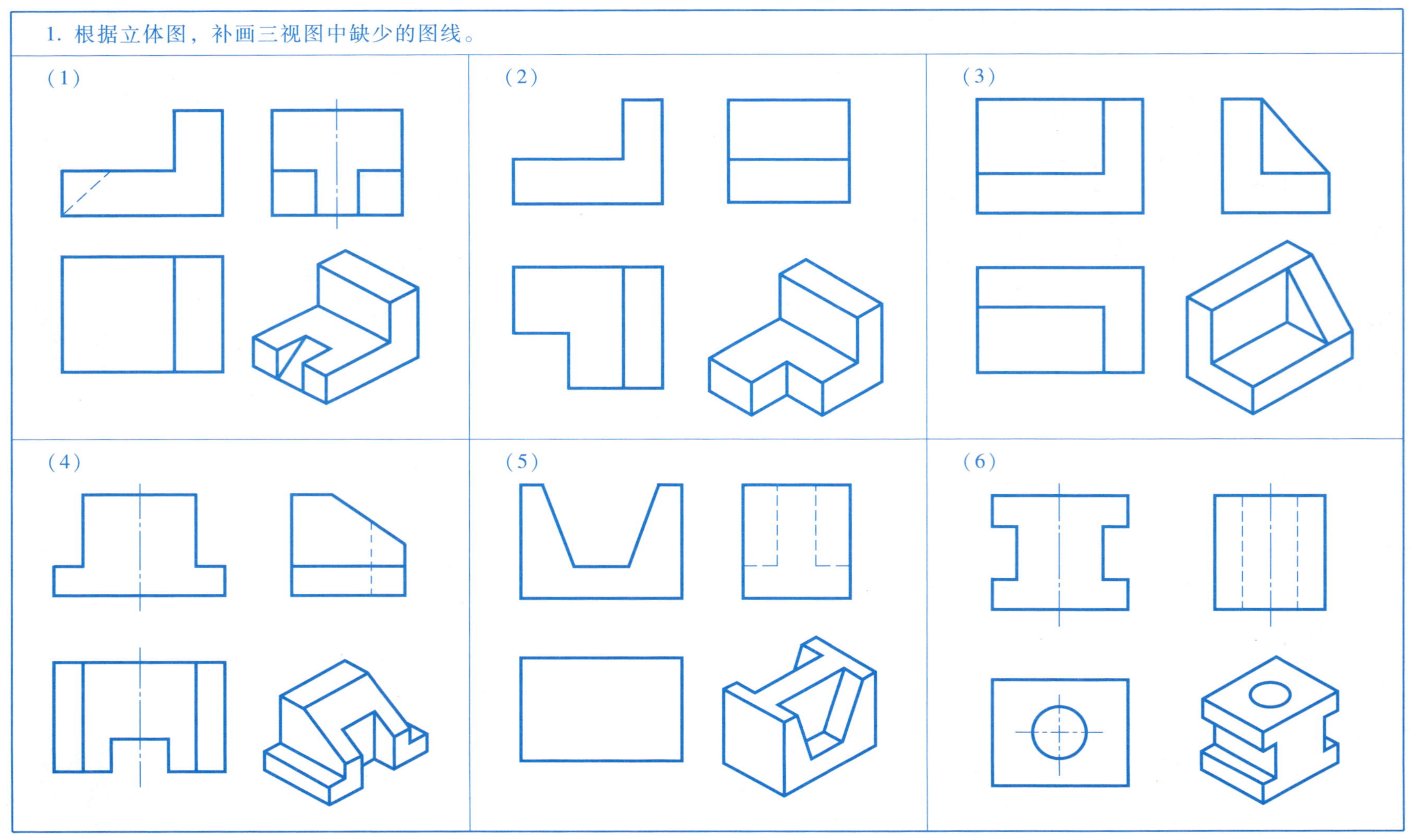

2. 读懂视图，补画缺少的视图或图线。

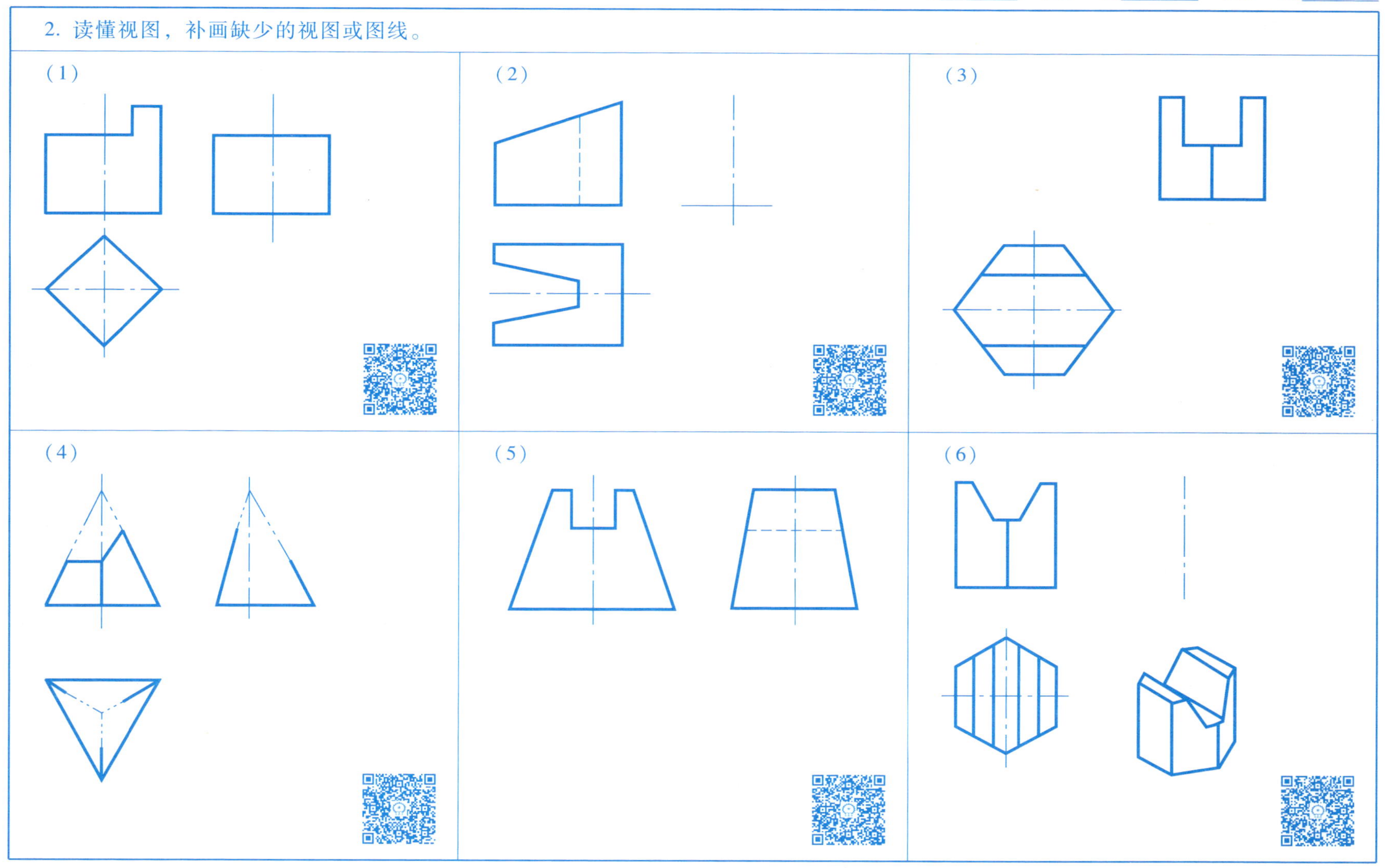

任务 3.4　绘制斜切圆柱三视图

一、曲面立体表面取点

班　级______　学　号______　姓　名______　成　绩______

已知立体的两个视图，补画出第三个视图，并作出立体上点的投影。

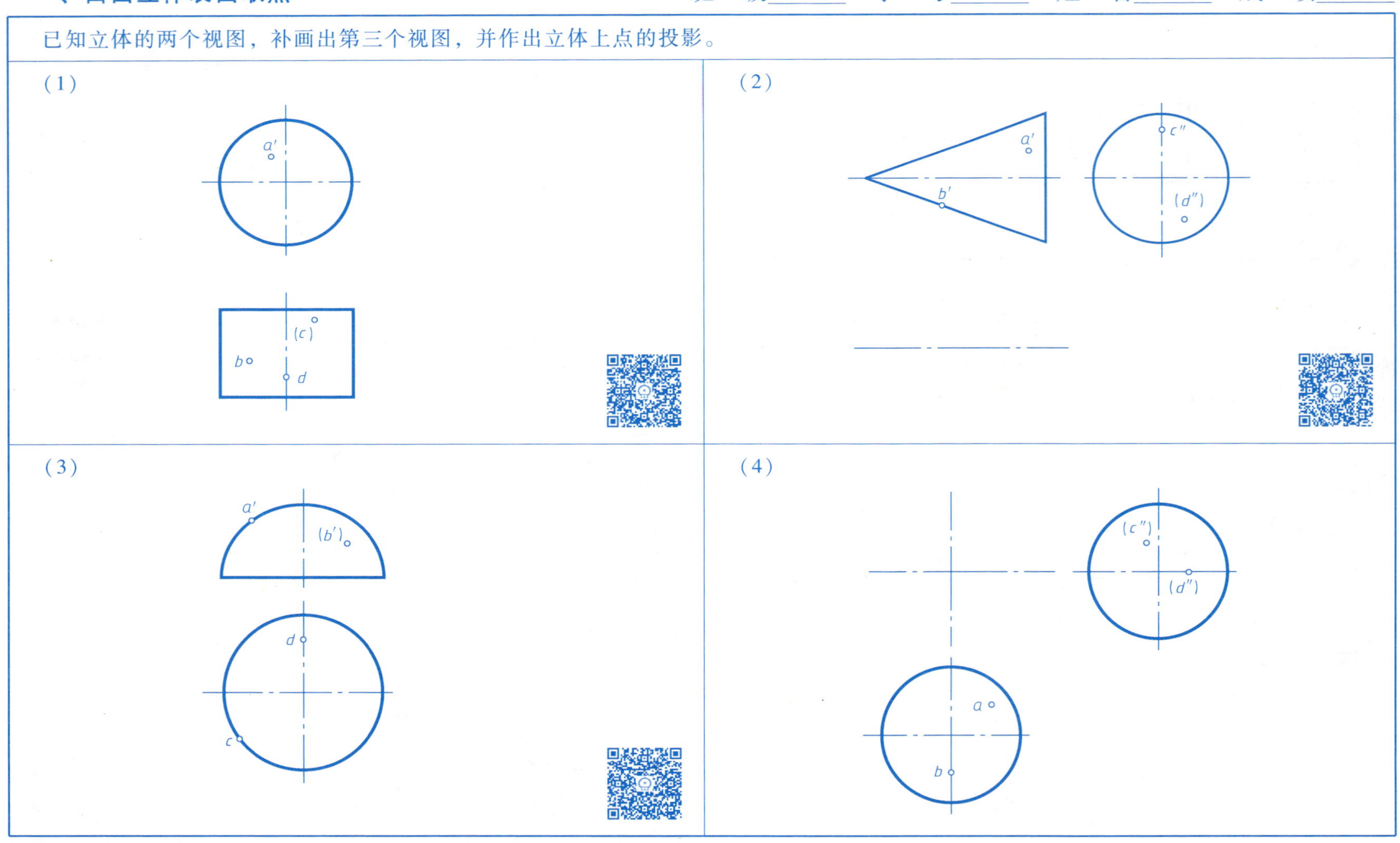

二、单个截平面截切曲面立体

班 级______ 学 号______ 姓 名______ 成 绩______

根据已有的视图，补画缺少的视图或图线。

(1)

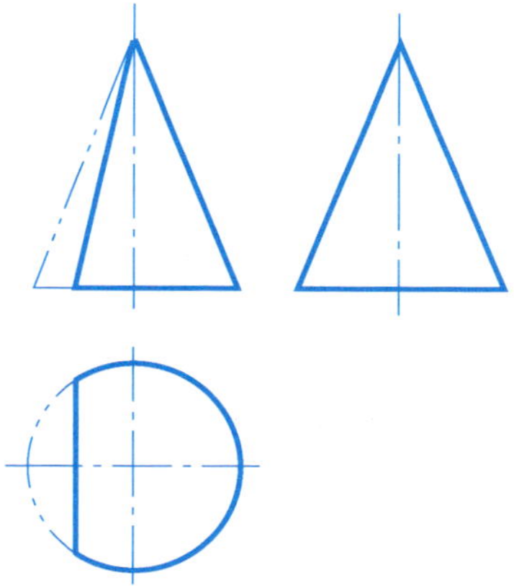

(2)

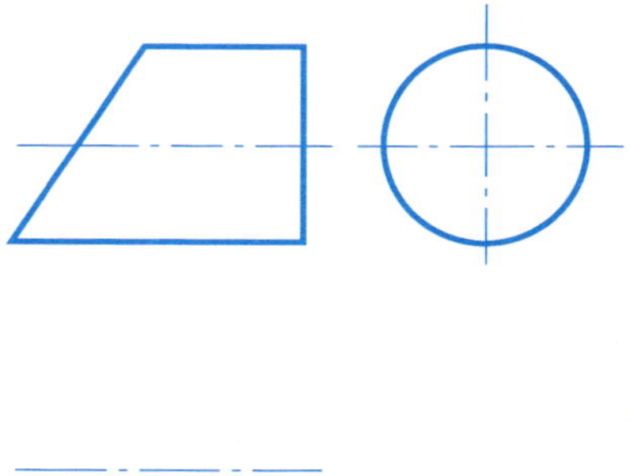

(3)

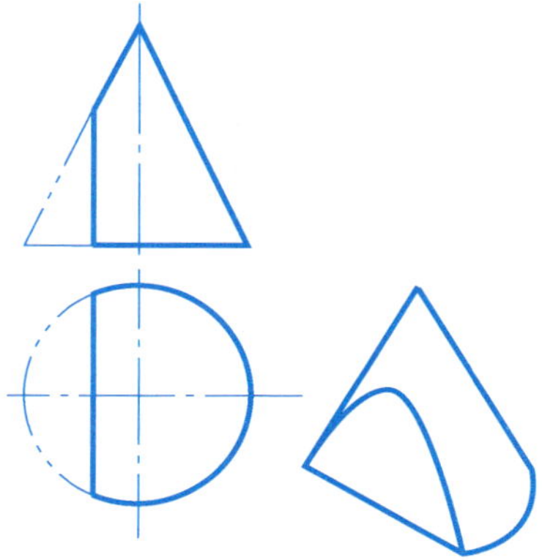

(4)

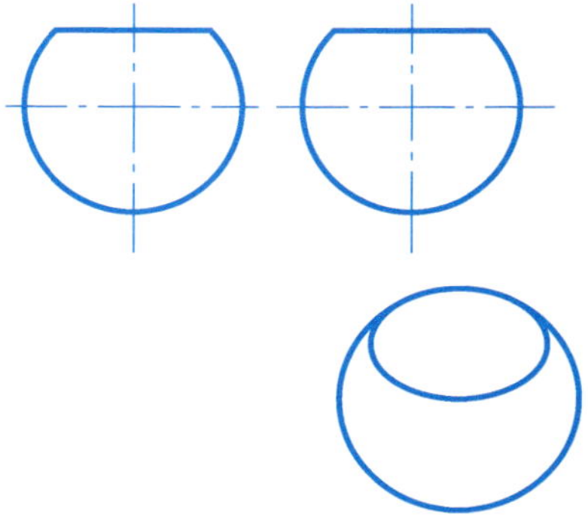

任务 3.5　绘制鲁班球部件三视图

一、多个截平面截切曲面立体

班　级______　学　号______　姓　名______　成　绩______

1. 比较并补画第三视图。

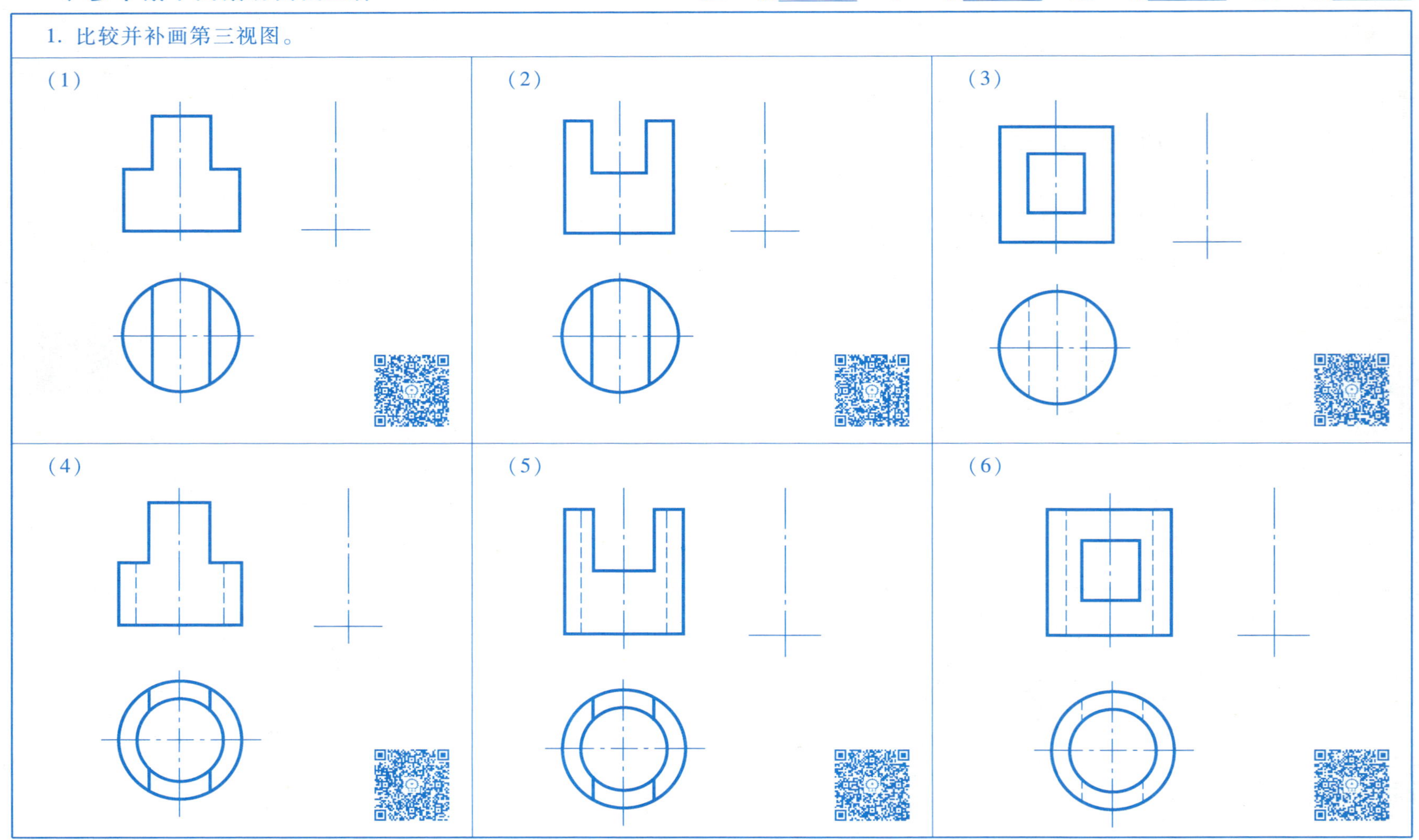

2. 读懂视图，补画第三视图。

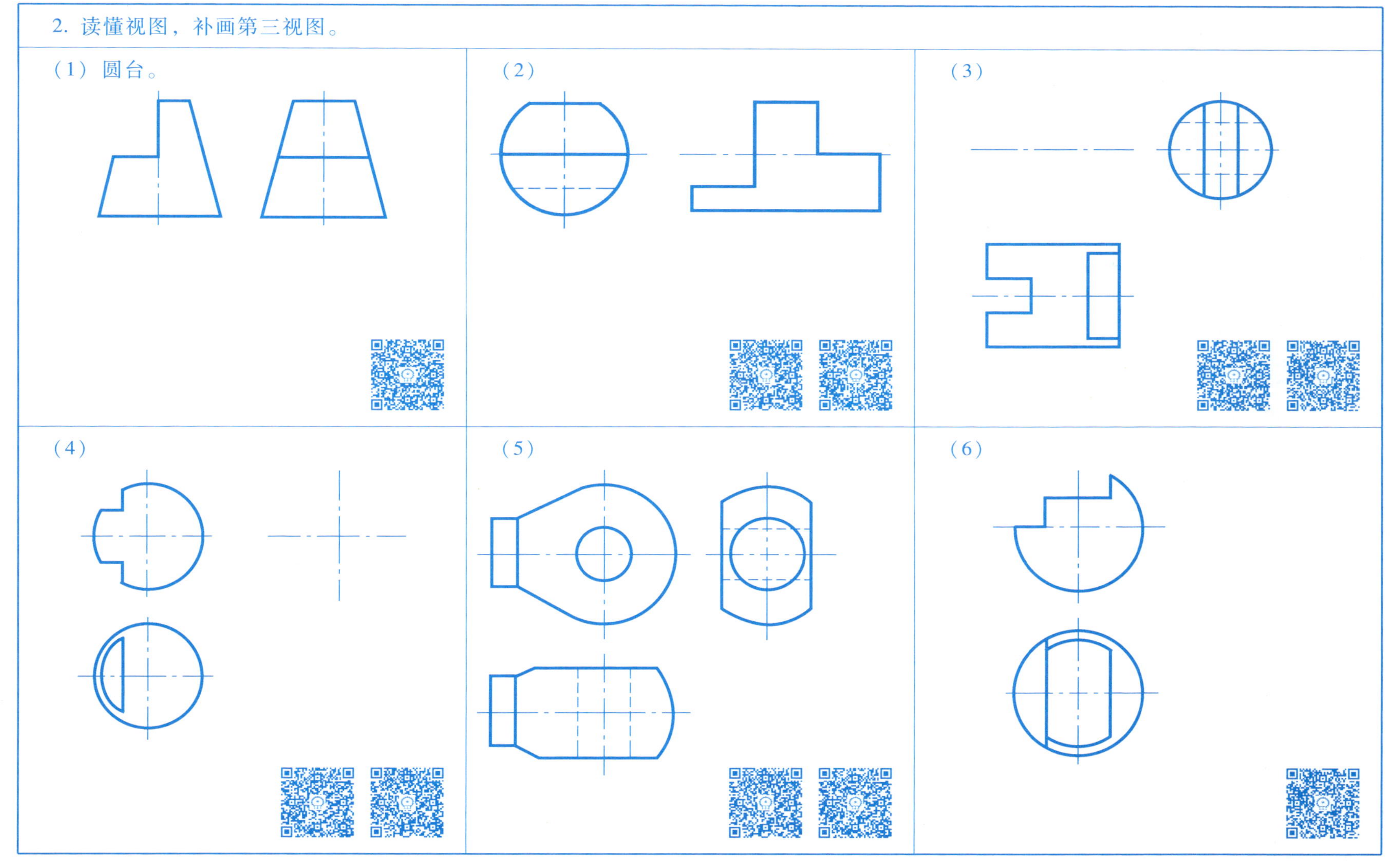

2. 读懂视图，补画第三视图。

（7）

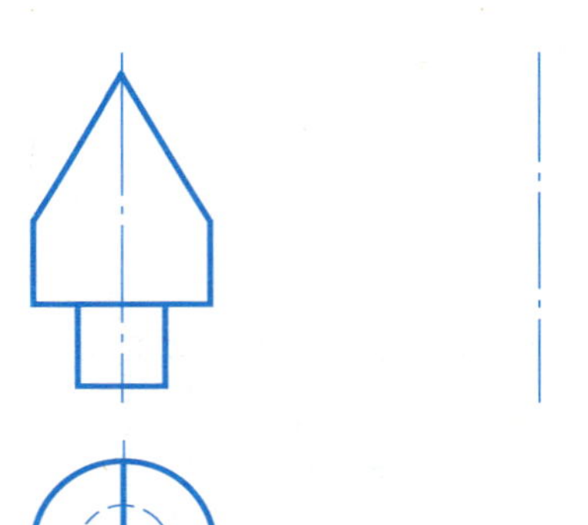

（8）

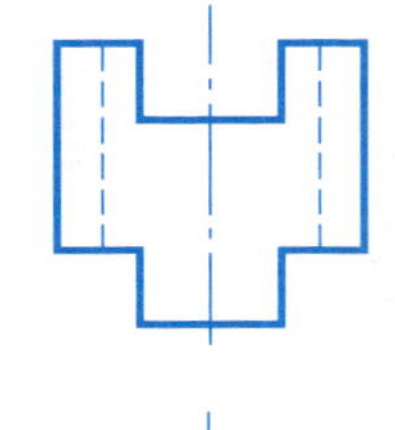

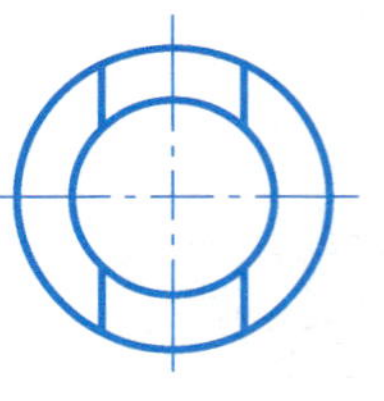

（9）补画所给立体 A 视图中缺少的图线，并根据立体 A 构思立体 B，使 B 和 A 能对接成一高度为 L 的完整圆柱。

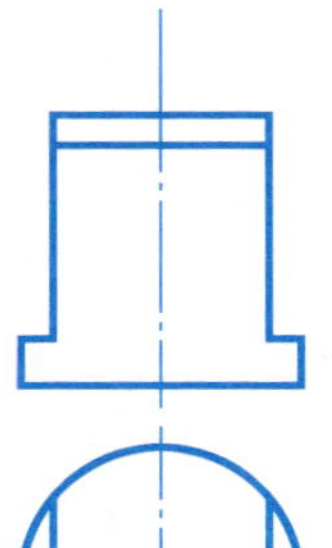

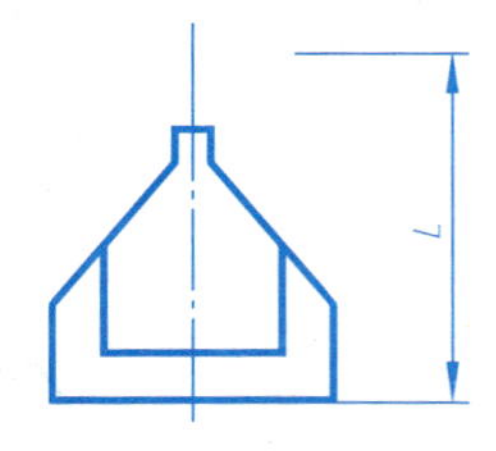

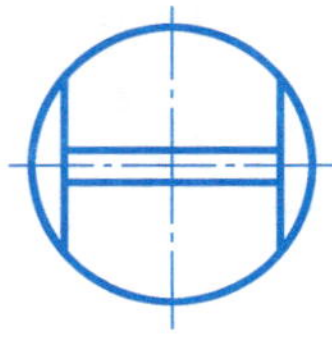

二、绘制鲁班球部件的三视图

班　级______　学　号______　姓　名______　成　绩______

根据立体图和尺寸，完成三视图的绘制。

（1）

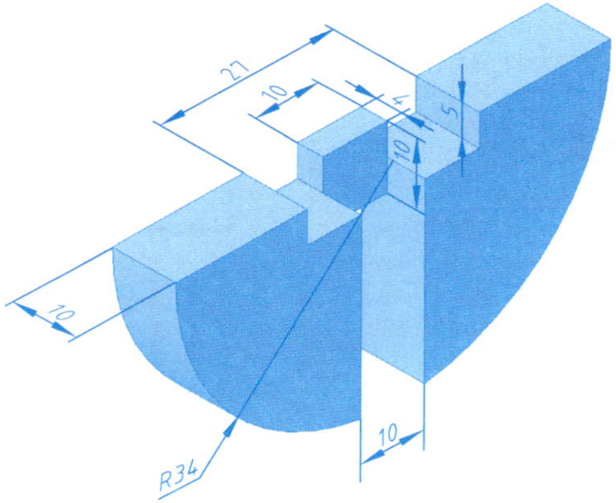

（2）

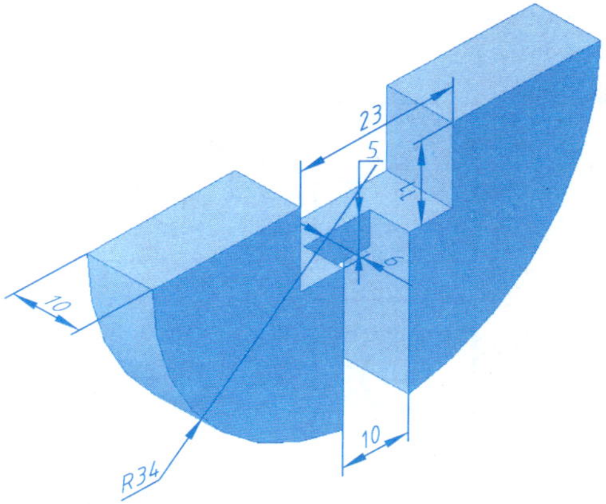

任务 3.6　绘制三通管接头三视图

相贯线　　　　班　级______　学　号______　姓　名______　成　绩______

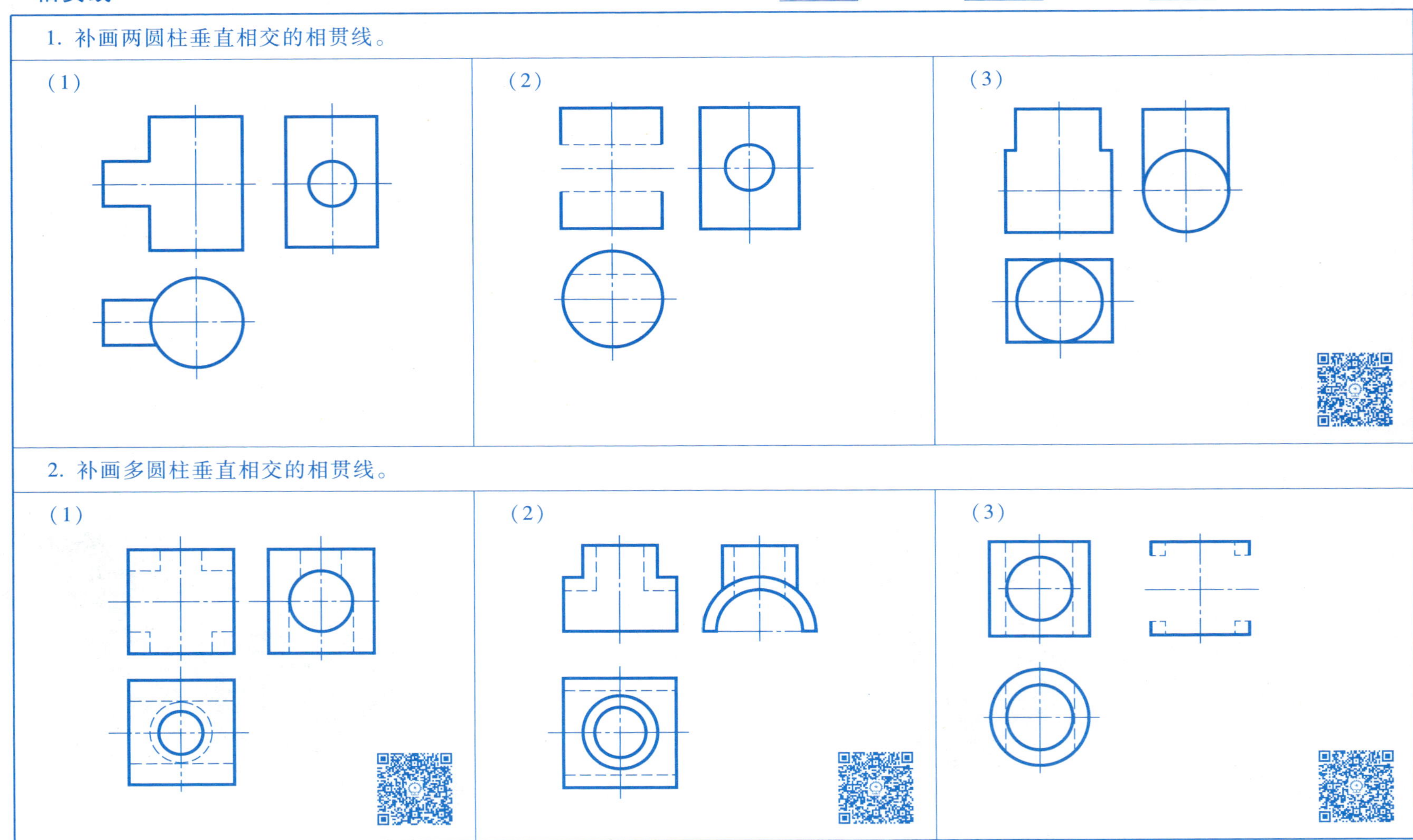

（4）

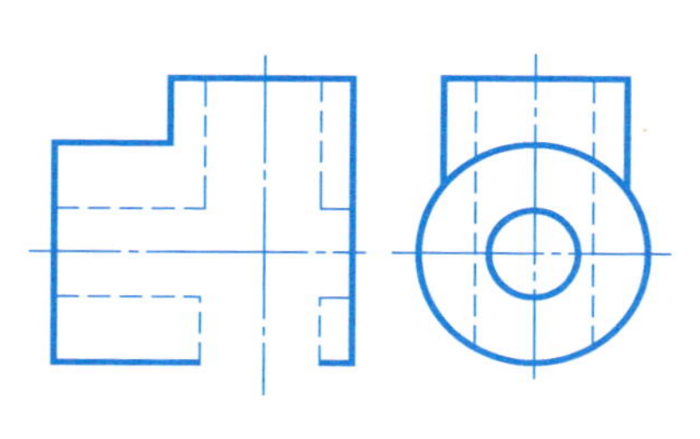

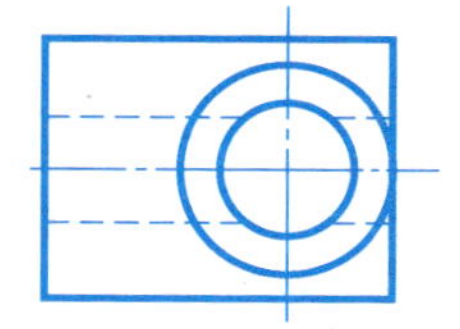

（5）

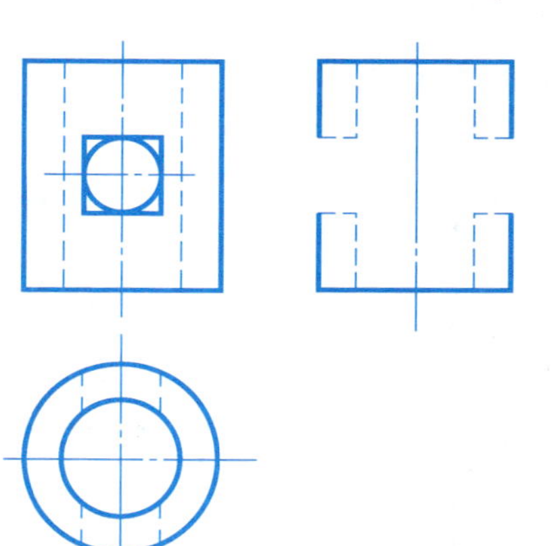

3. 补画复杂相贯线。

（1）

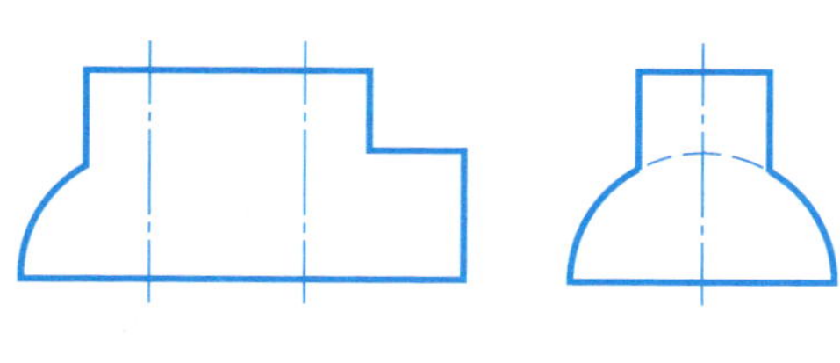

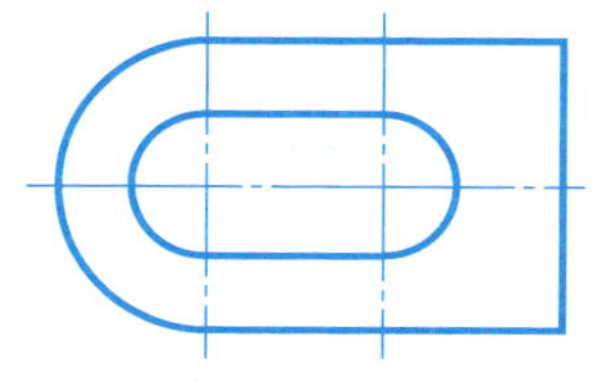

（2）

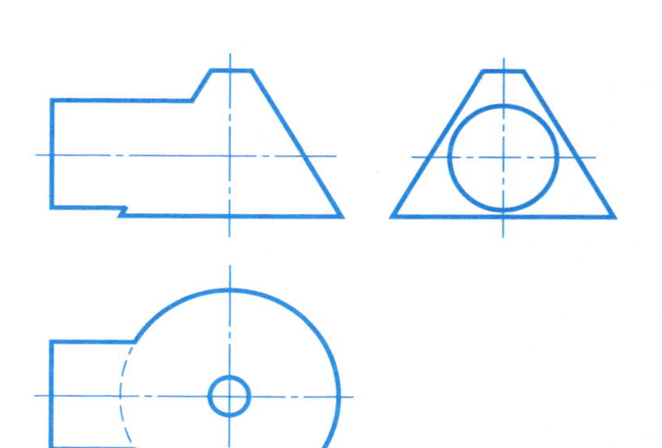

任务 3.7　绘制气爪夹持块三视图

一、表面连接关系

班　级______　学　号______　姓　名______　成　绩______

比较并补画下列视图中缺少的线。

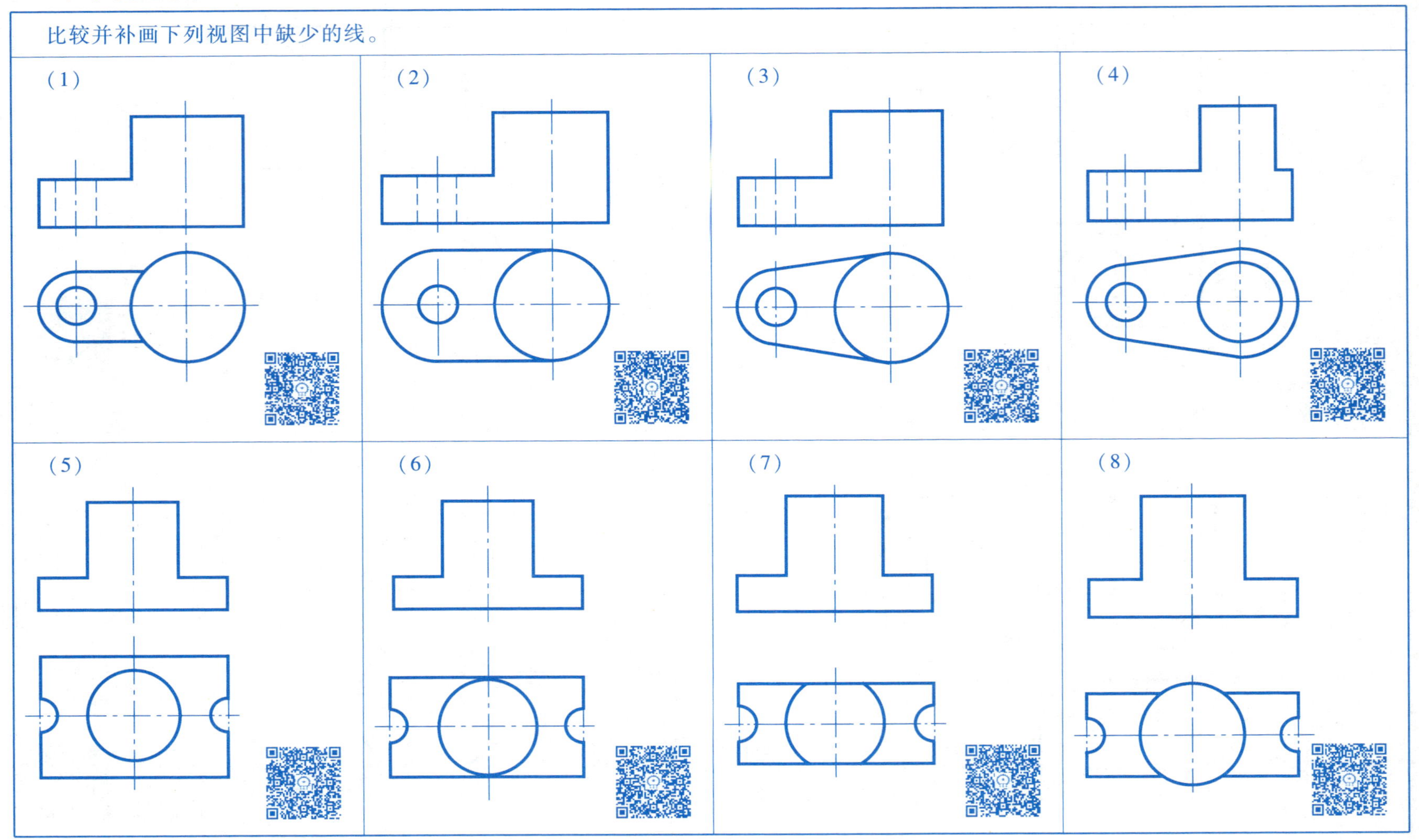

二、组合体尺寸标注

班 级______ 学 号______ 姓 名______ 成 绩______

读懂视图，标注尺寸（数值直接在视图中量取并取整）。

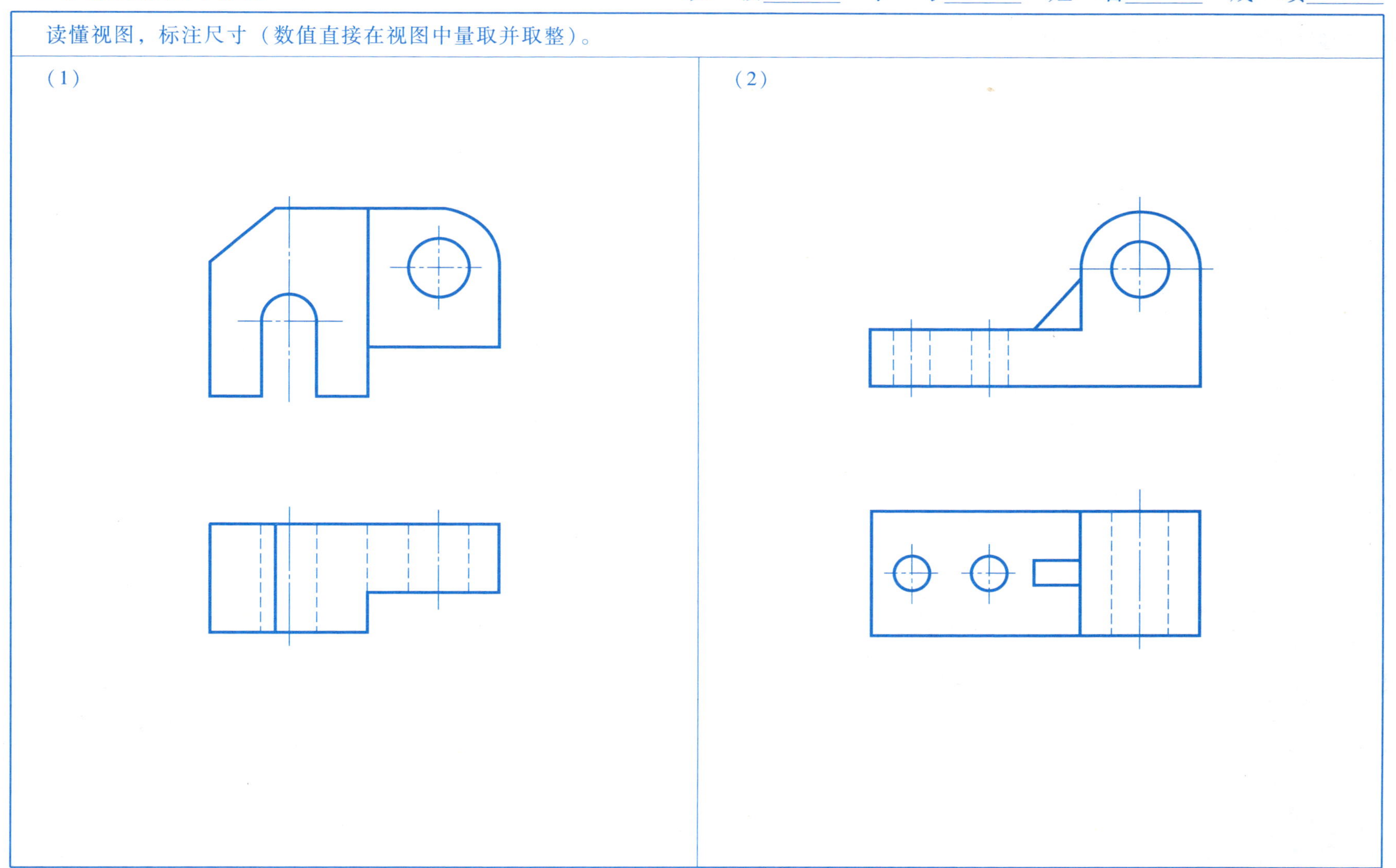

三、绘制组合体三视图

班　级______　学　号______　姓　名______　成　绩______

根据轴测图和所标注的尺寸，画出下列组合体的三视图，并标注尺寸。

(1)

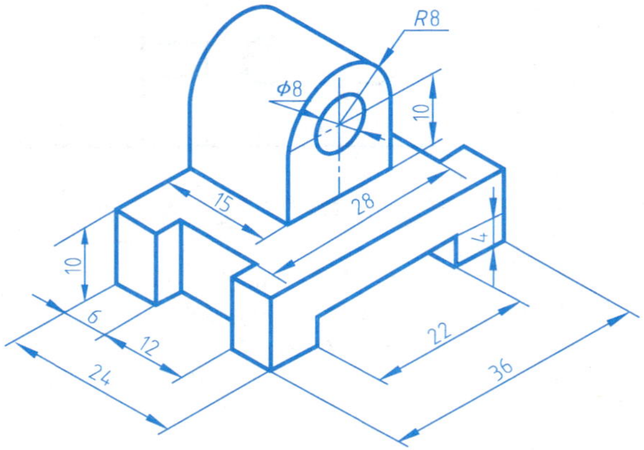

(2)

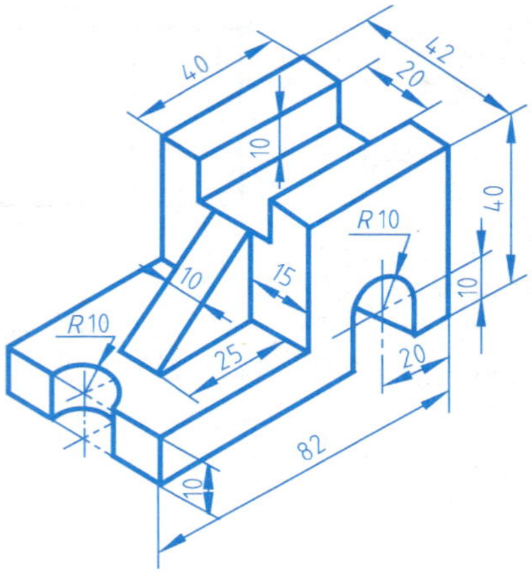

任务 3.8　榫卯的三维表达

一、绘制平面体的正等测轴测图

班　级______　学　号______　姓　名______　成　绩______

根据物体两个视图，在空白处绘制其正等测轴测图。

（1）

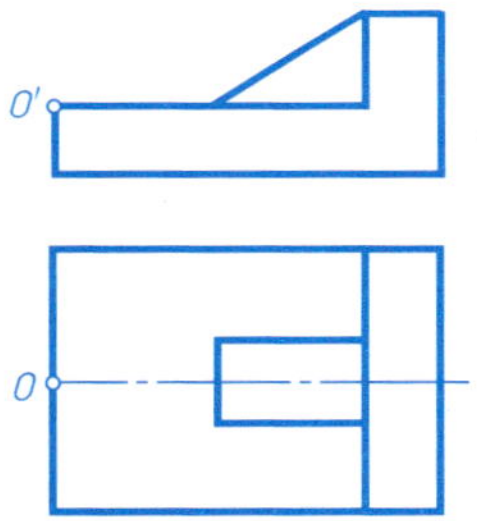

O′

O

（2）

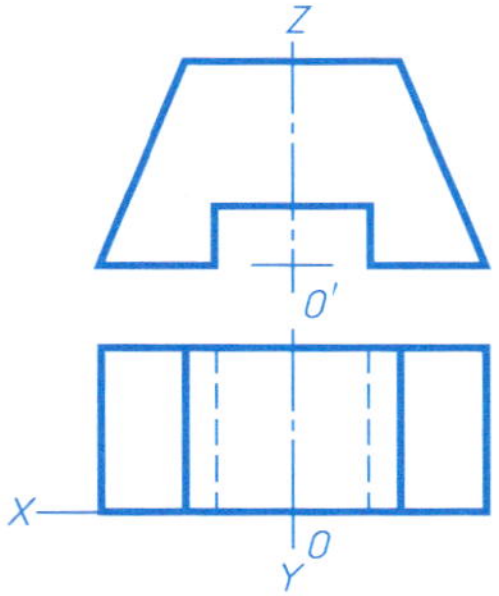

Z

O′

X

O

Y

（3）

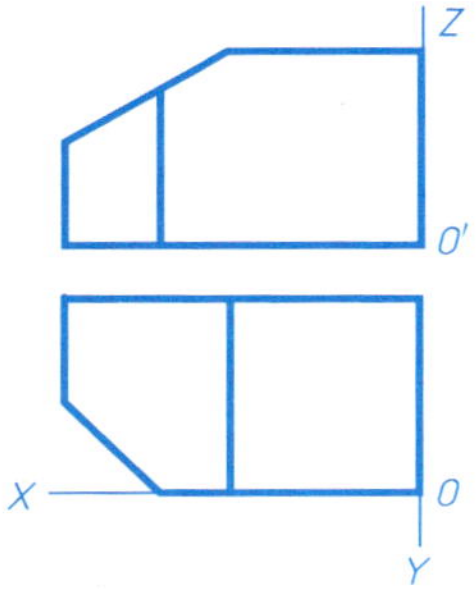

Z

O′

X

O

Y

（4）

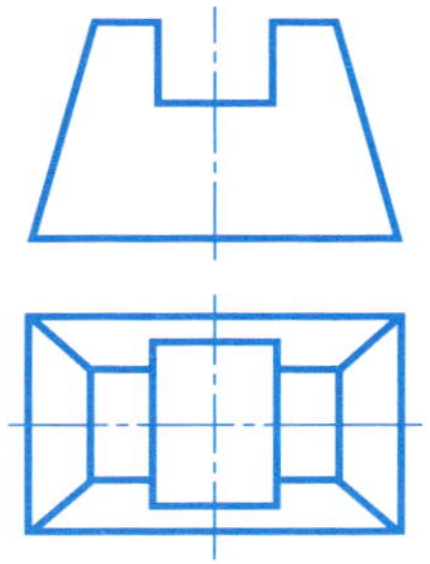

二、绘制曲面体正等测轴测图

班　级______　学　号______　姓　名______　成　绩______

根据物体两个视图，绘制其正等测轴测图。

(1)

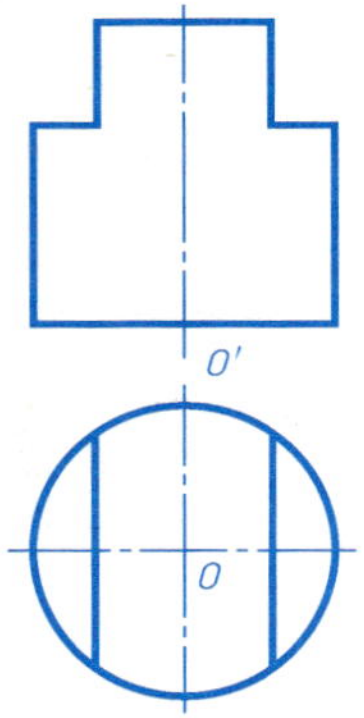

O′

O

(2)

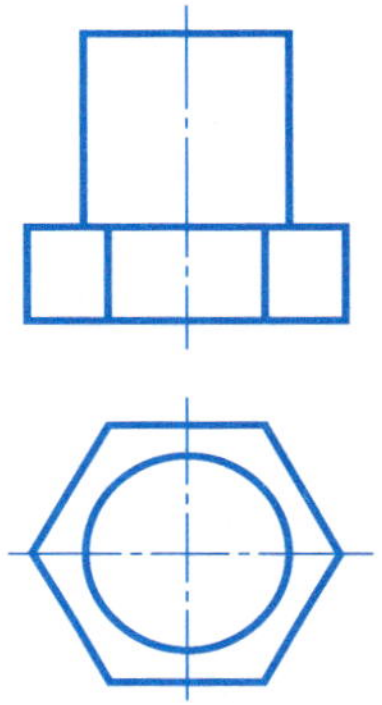

(3)

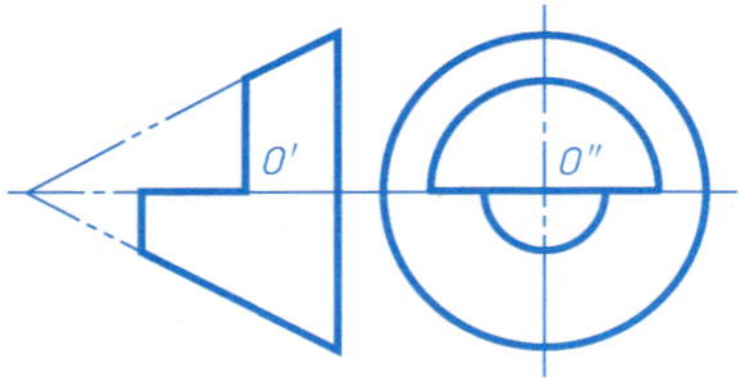

O′

O″

(4)

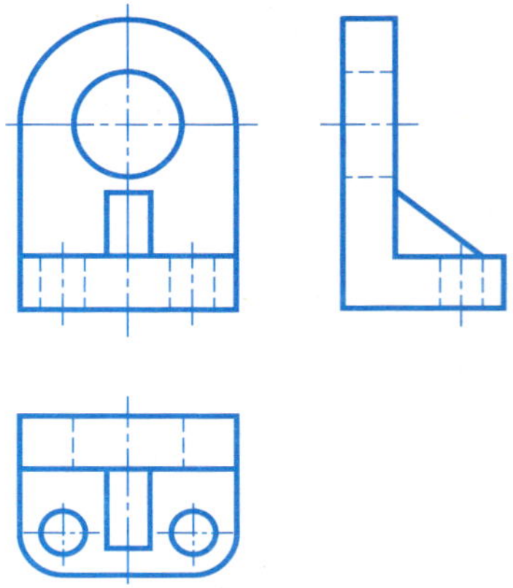

任务 3.9　端盖的三维表达

绘制斜二测轴测图　　班　级______　学　号______　姓　名______　成　绩______

根据物体的视图，绘制其斜二测轴测图。

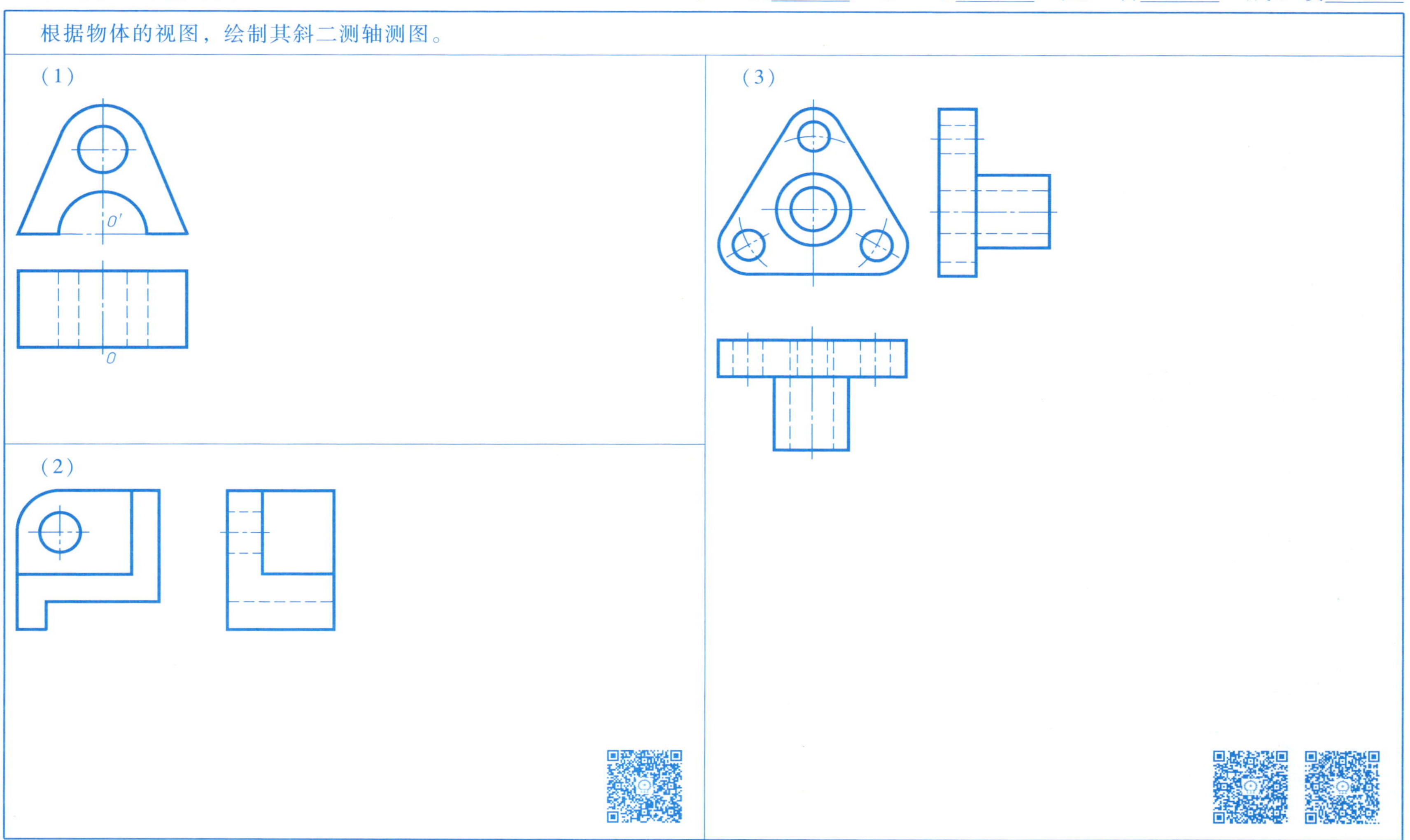

任务 3.10　识读轴承座视图，想象形体

一、识图基本训练

班　级______　学　号______　姓　名______　成　绩______

根据轴测图选择对应的三视图，将编号填入圆圈内。

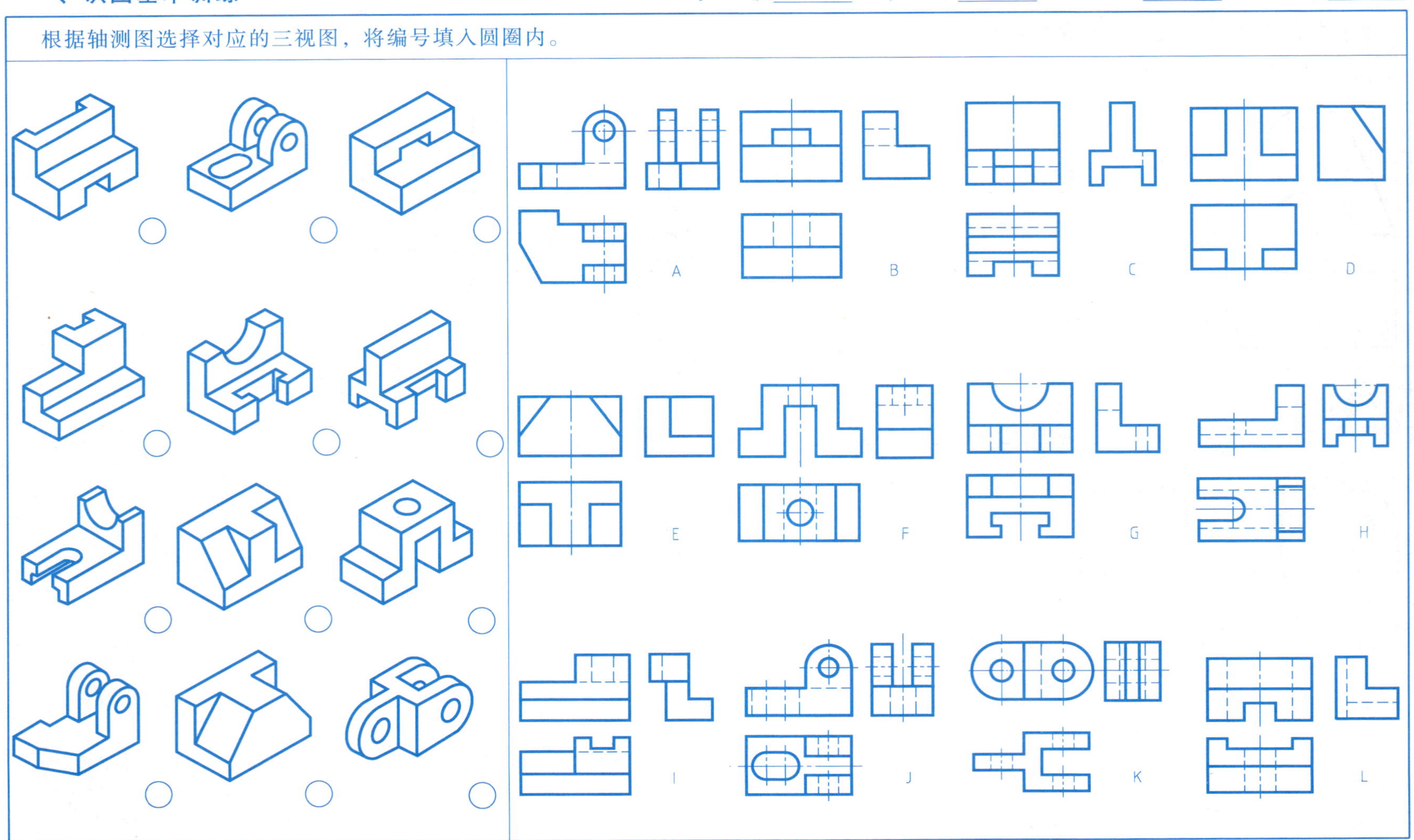

二、补画视图中的漏线

班 级______ 学 号______ 姓 名______ 成 绩______

参照立体示意图，读懂视图，补画缺少的图线。

(1)

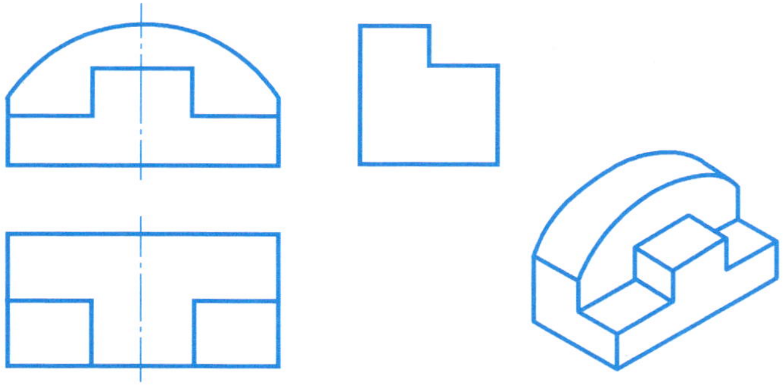

(2)

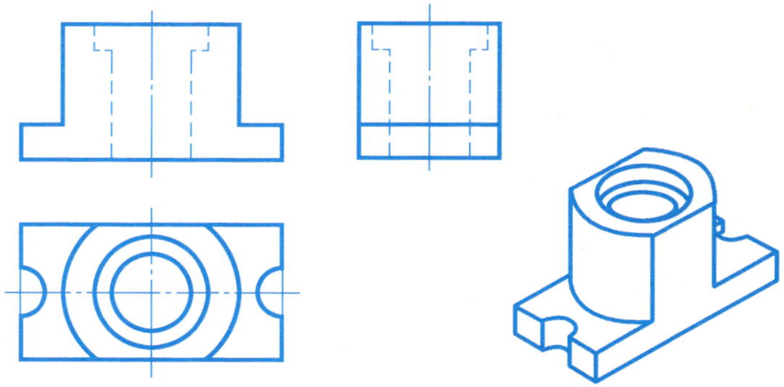

(3)

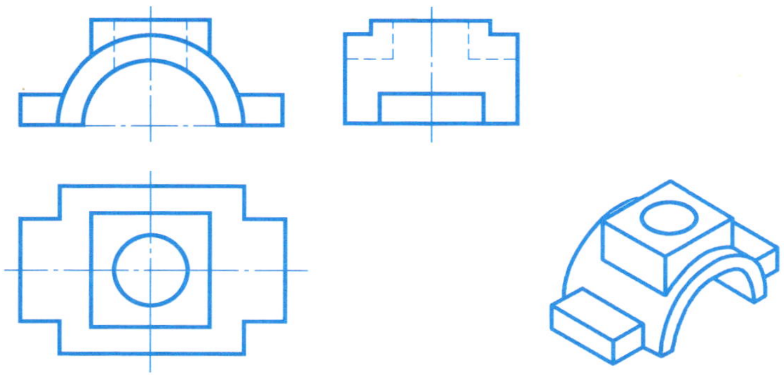

(4)

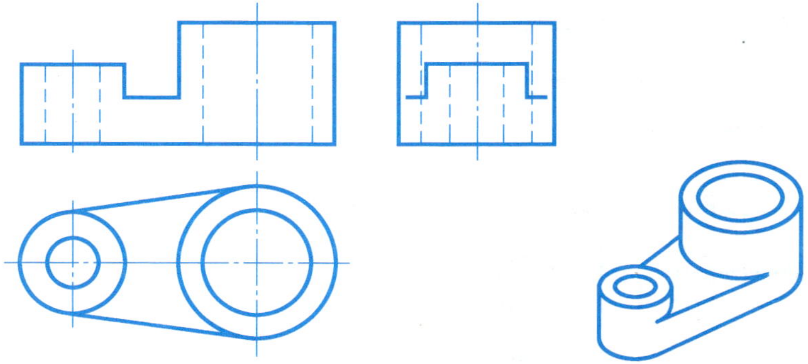

三、补画第三视图

班　级______　学　号______　姓　名______　成　绩______

读懂视图，补画缺少的视图。

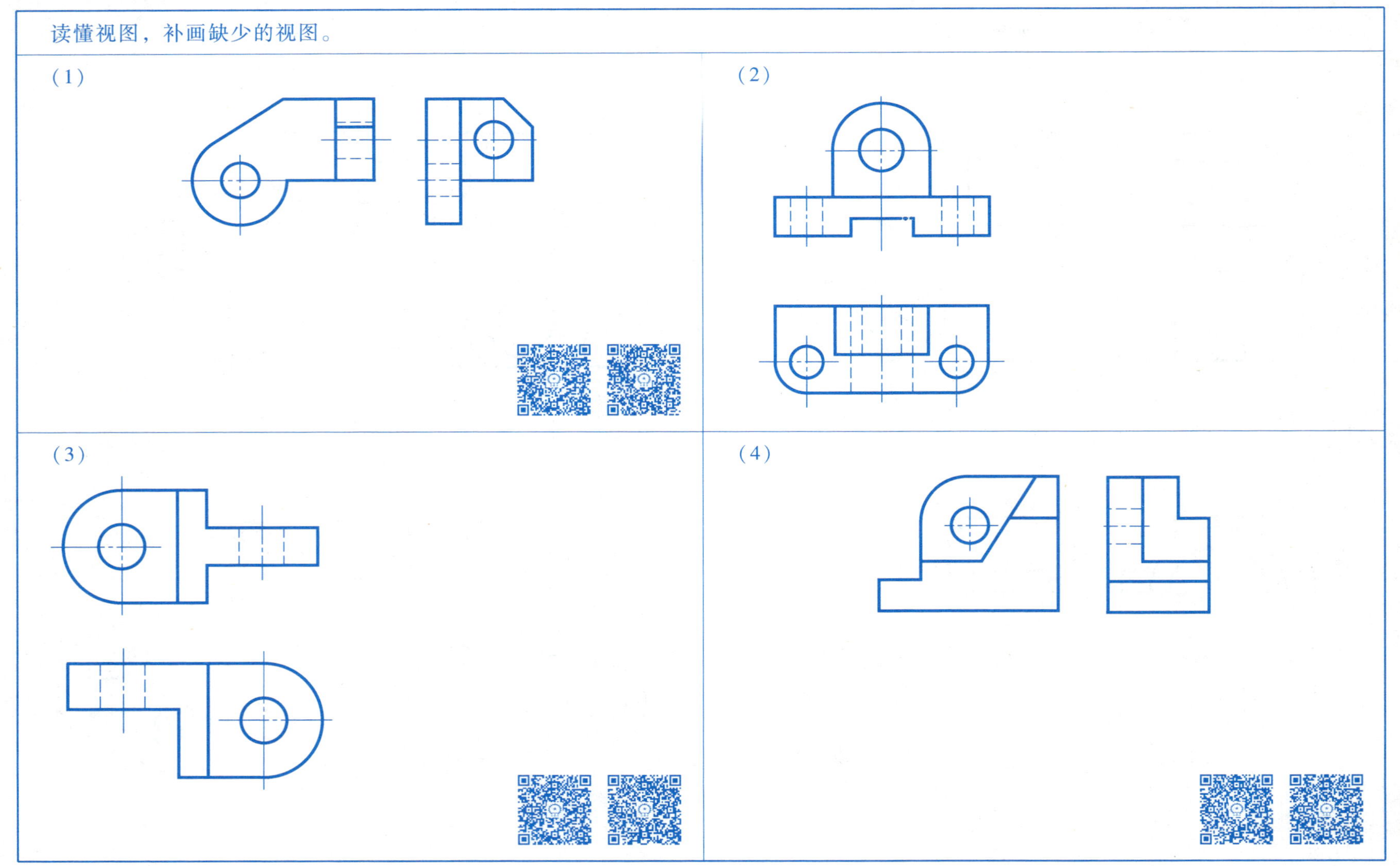

任务 3.11　识读压块视图，想象形体

一、识图基本训练

班　级______　学　号______　姓　名______　成　绩______

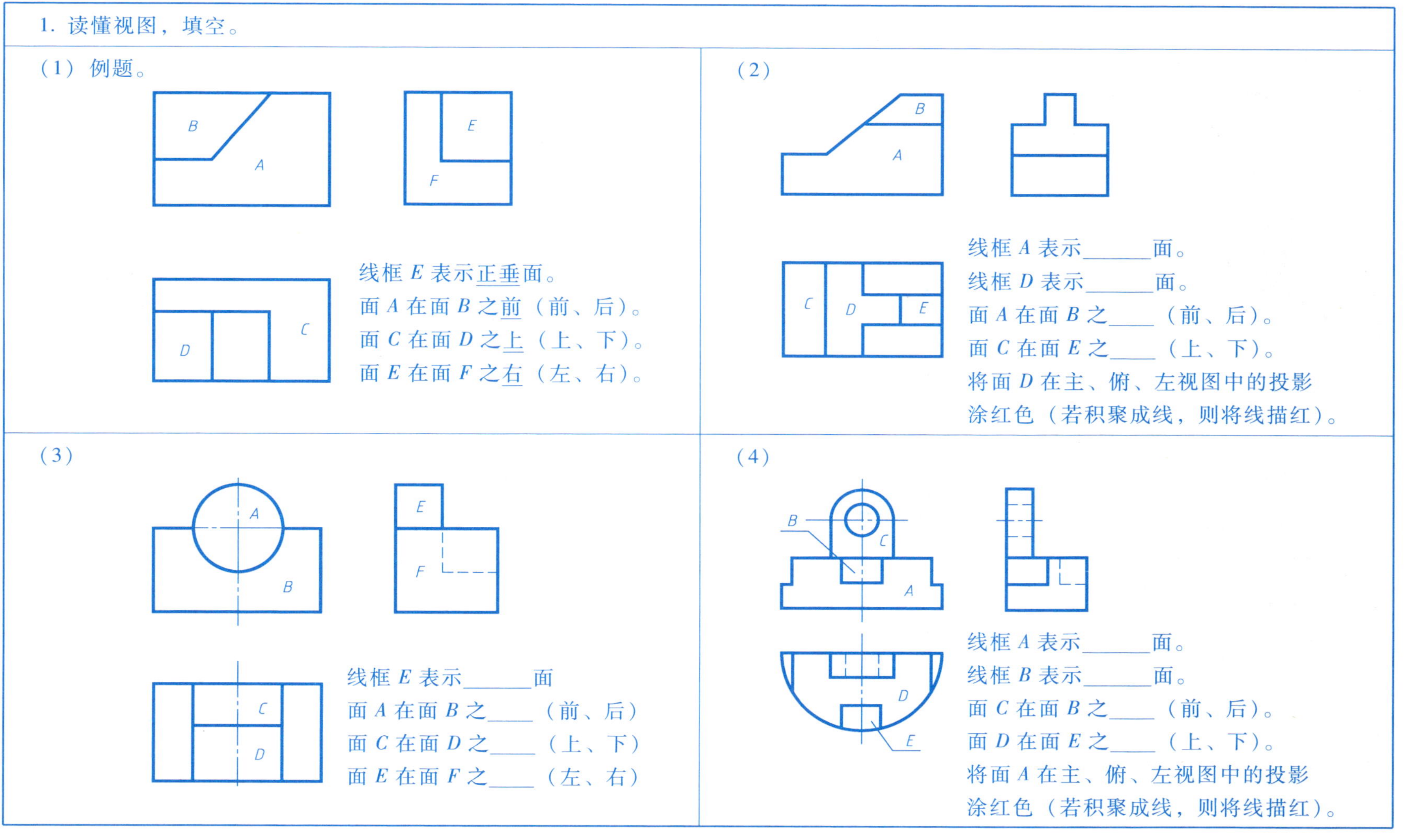

1. 读懂视图，填空。

（1）例题。

线框 *E* 表示正垂面。
面 *A* 在面 *B* 之前（前、后）。
面 *C* 在面 *D* 之上（上、下）。
面 *E* 在面 *F* 之右（左、右）。

（2）

线框 *A* 表示______面。
线框 *D* 表示______面。
面 *A* 在面 *B* 之____（前、后）。
面 *C* 在面 *E* 之____（上、下）。
将面 *D* 在主、俯、左视图中的投影涂红色（若积聚成线，则将线描红）。

（3）

线框 *E* 表示______面
面 *A* 在面 *B* 之____（前、后）
面 *C* 在面 *D* 之____（上、下）
面 *E* 在面 *F* 之____（左、右）

（4）

线框 *A* 表示______面。
线框 *B* 表示______面。
面 *C* 在面 *B* 之____（前、后）。
面 *D* 在面 *E* 之____（上、下）。
将面 *A* 在主、俯、左视图中的投影涂红色（若积聚成线，则将线描红）。

一、识图基本训练（续一）

班　级______　学　号______　姓　名______　成　绩______

2. 已知两面视图，找出对应的左视图，并在其括号内打“√”。

（1）

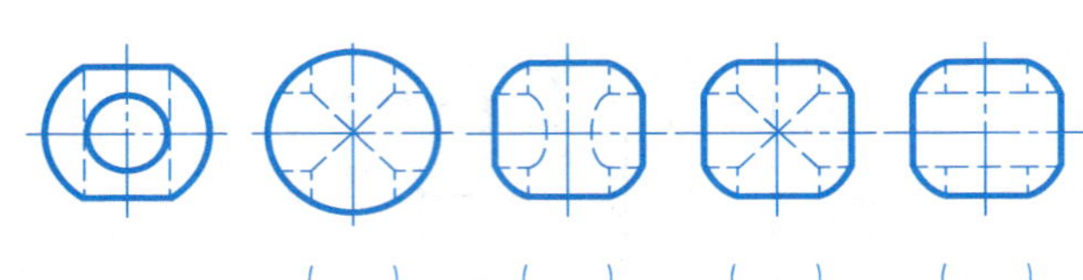

（　）　（　）　（　）　（　）

（2）

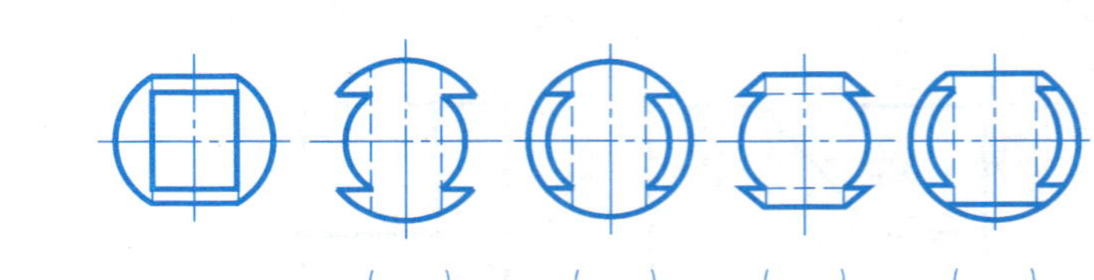

（　）　（　）　（　）　（　）

（3）

（　）　（　）　（　）　（　）

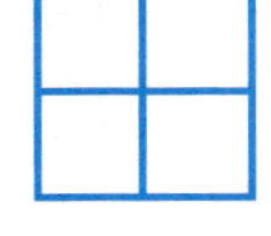

（4）

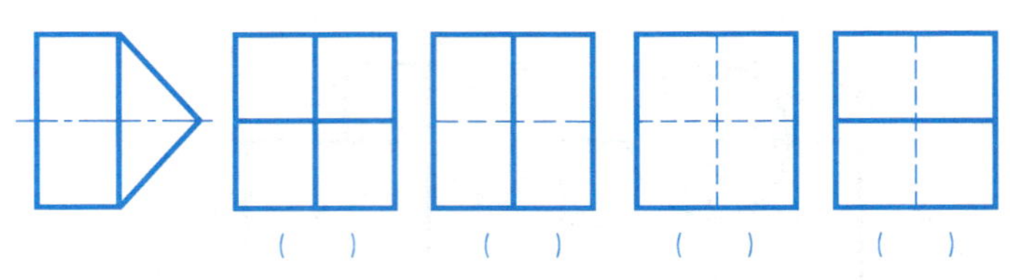

（　）　（　）　（　）　（　）

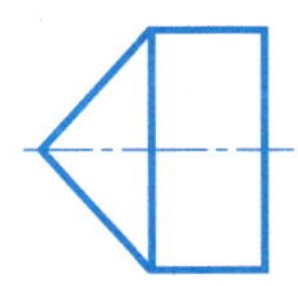

2. 已知两面视图，找出对应的左视图，并在其括号内打“√”。

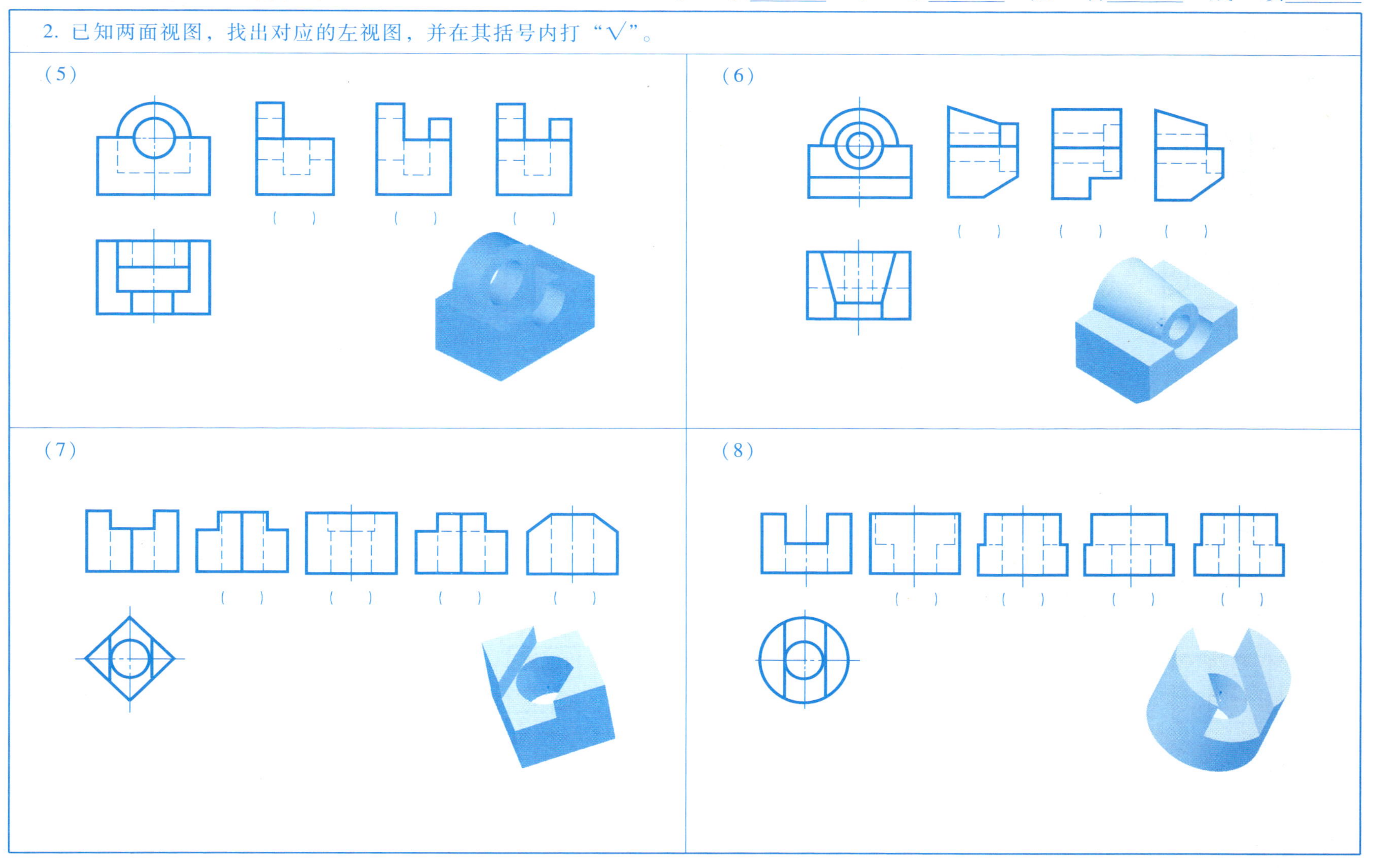

2. 已知两面视图，找出对应的左视图，并在其括号内打“√”。

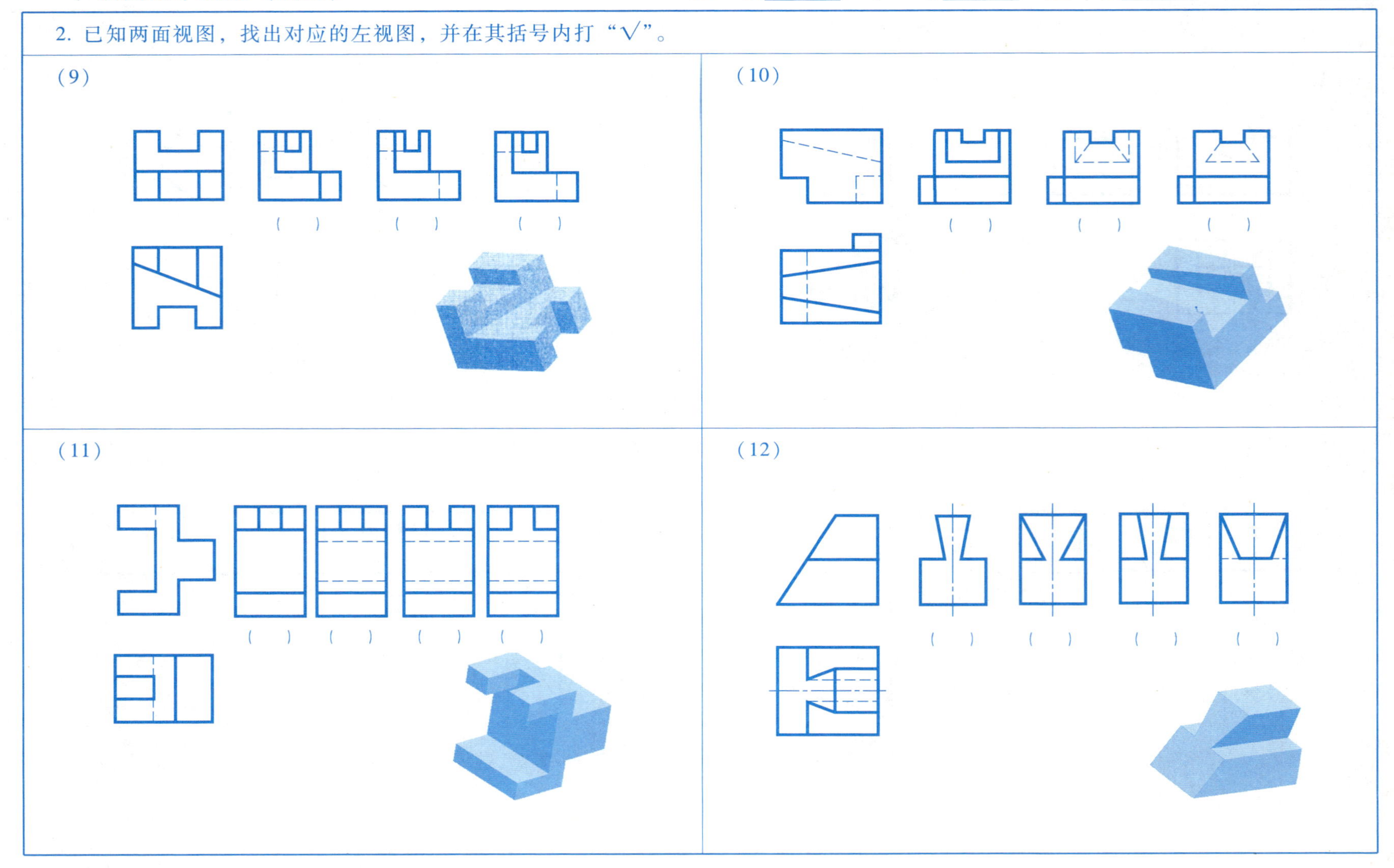

二、补画视图中的漏线

班 级______ 学 号______ 姓 名______ 成 绩______

读懂视图，补画缺少的图线。

(1)

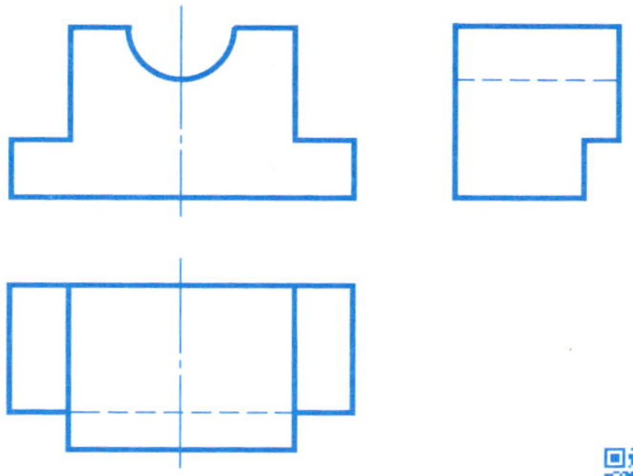

(2)

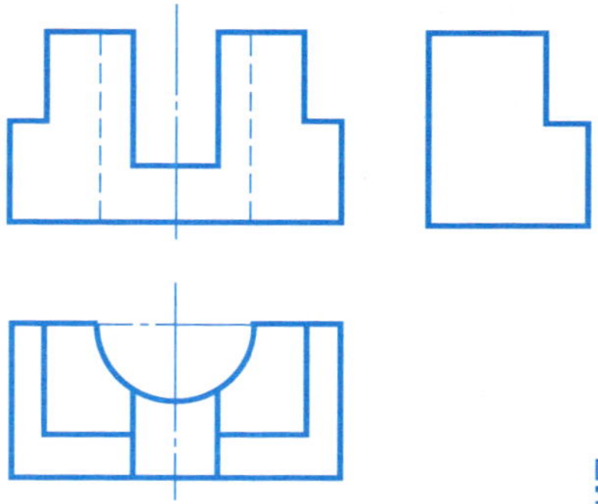

(3)

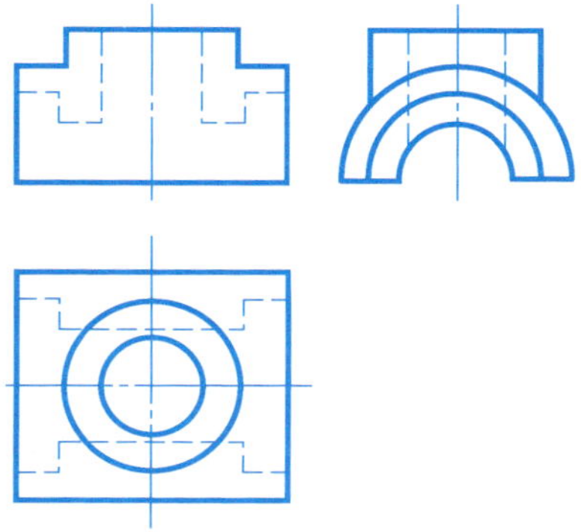

(4)

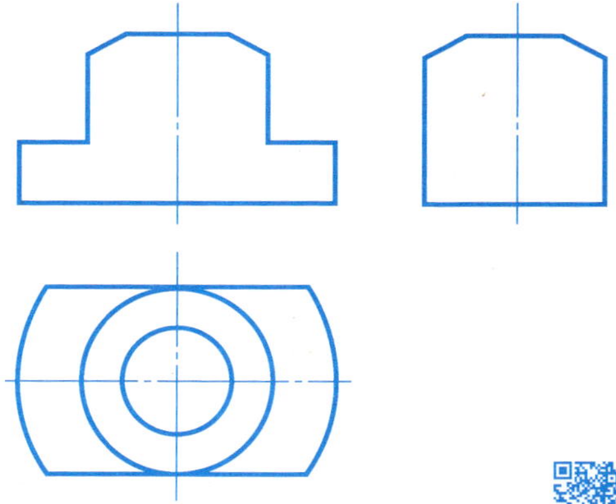

读懂视图，补画缺少的图线。

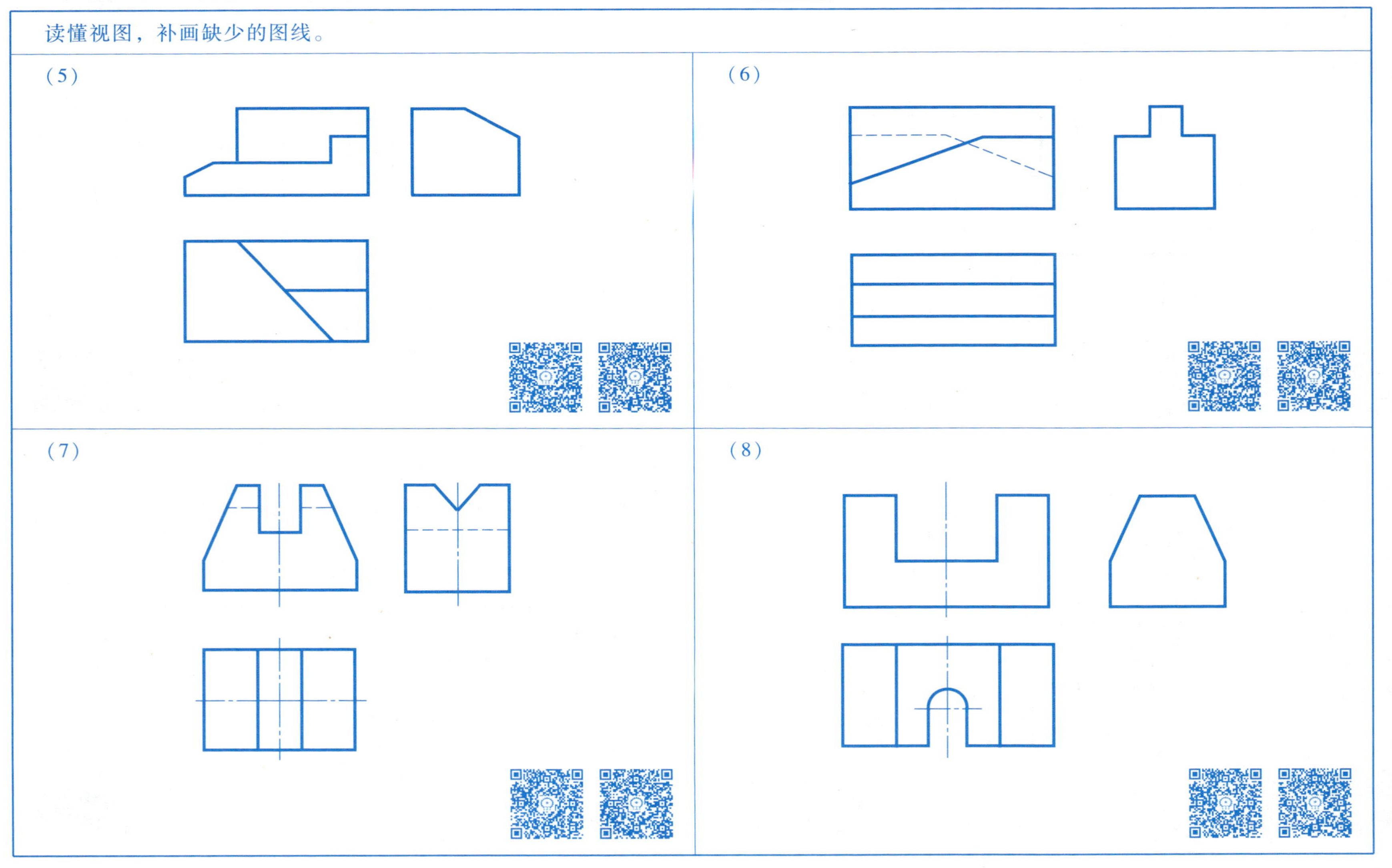

三、补画第三视图

班　级______　学　号______　姓　名______　成　绩______

1. 参考轴测图，读懂视图，补画缺少的视图。

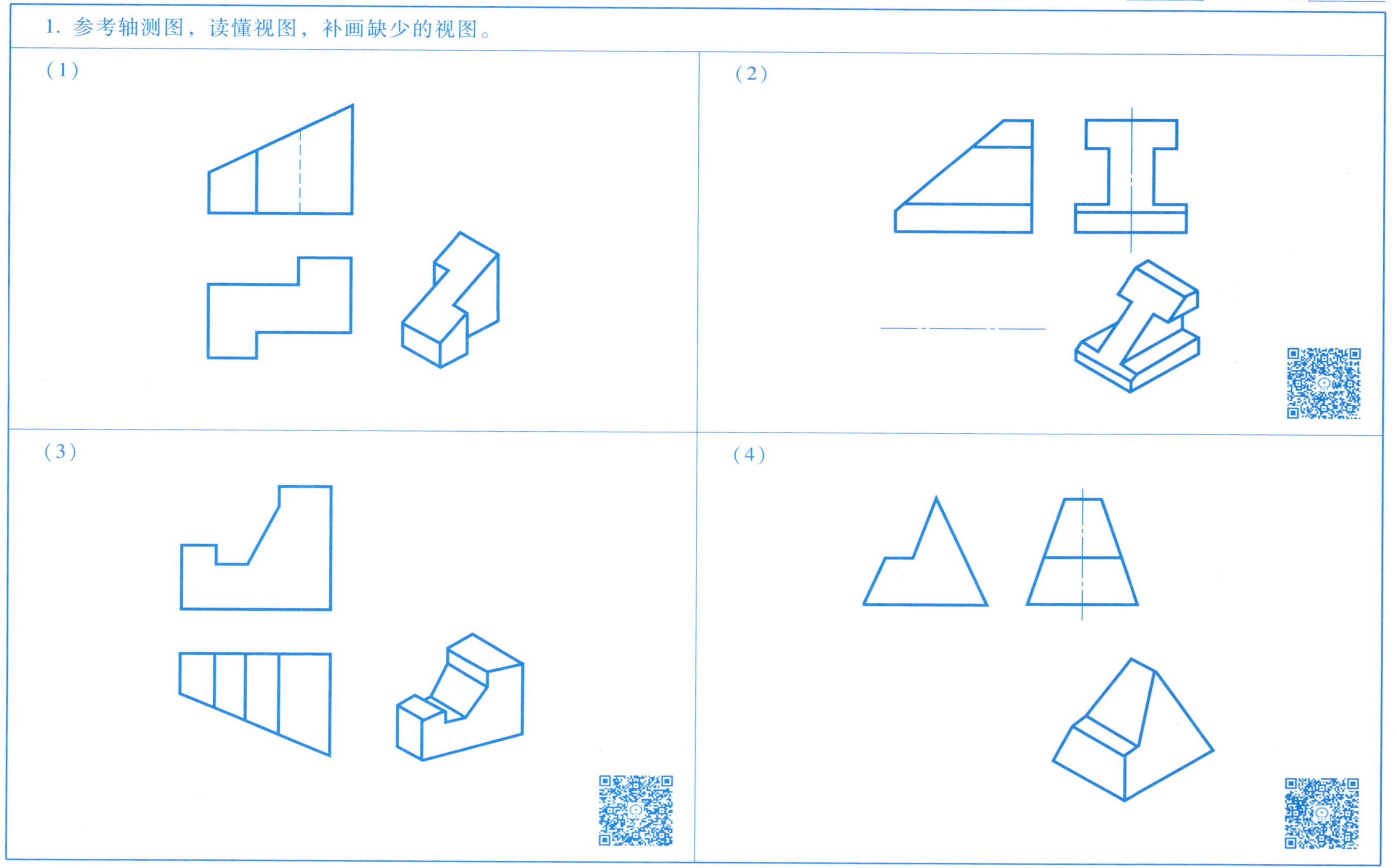

2. 读懂视图，补画缺少的视图。

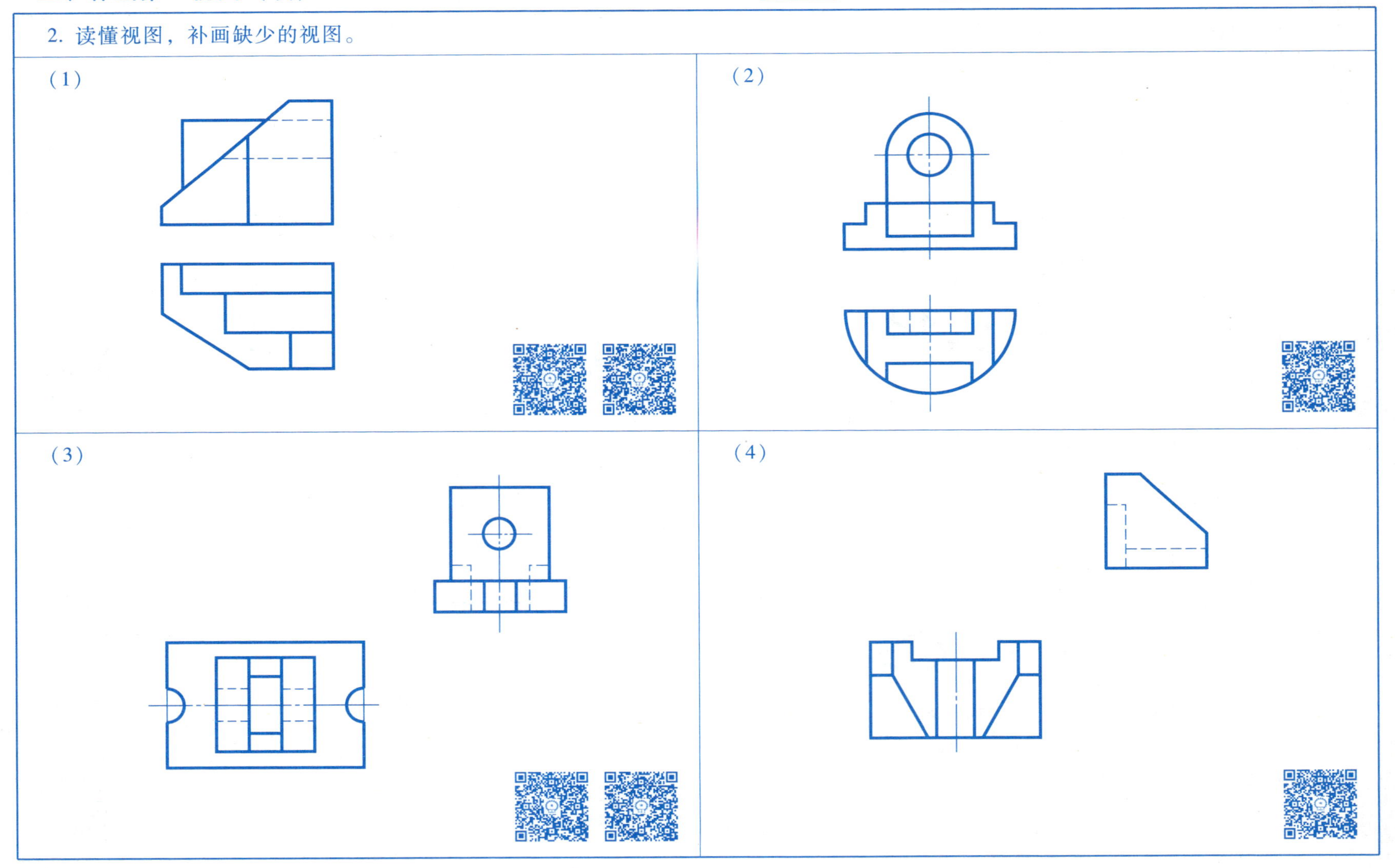

任务 3.12 使用 AutoCAD 绘制支座三视图

一、绘制三视图

班 级______ 学 号______ 姓 名______ 成 绩______

利用 AutoCAD 绘制组合体三视图。

(1) 支座。

(2) 根据两个视图，补画左视图。

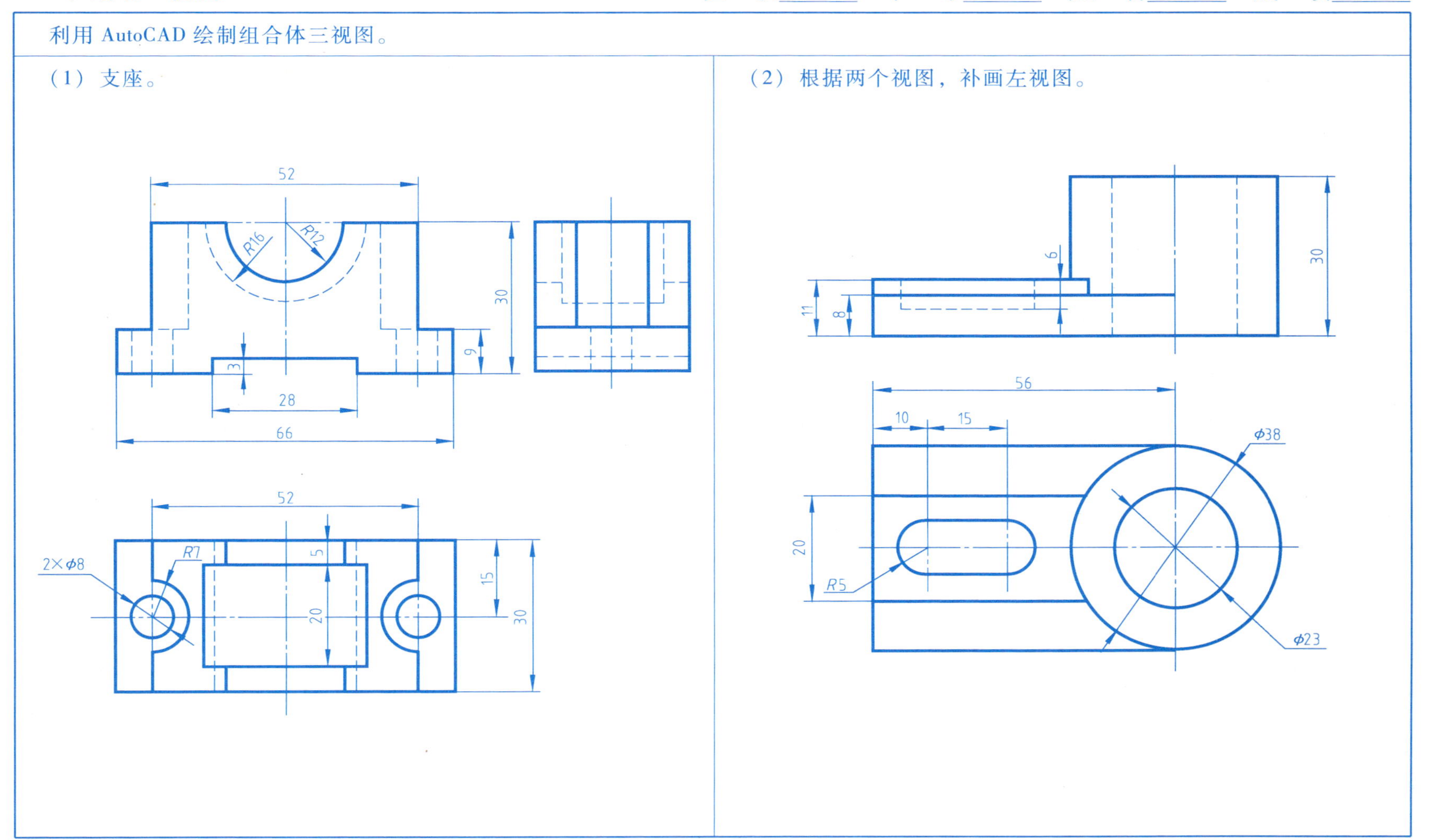

班 级______ 学 号______ 姓 名______ 成 绩______

根据轴测图，选择合适的图纸和比例，绘制组合体三视图并标注尺寸。

（1）块。

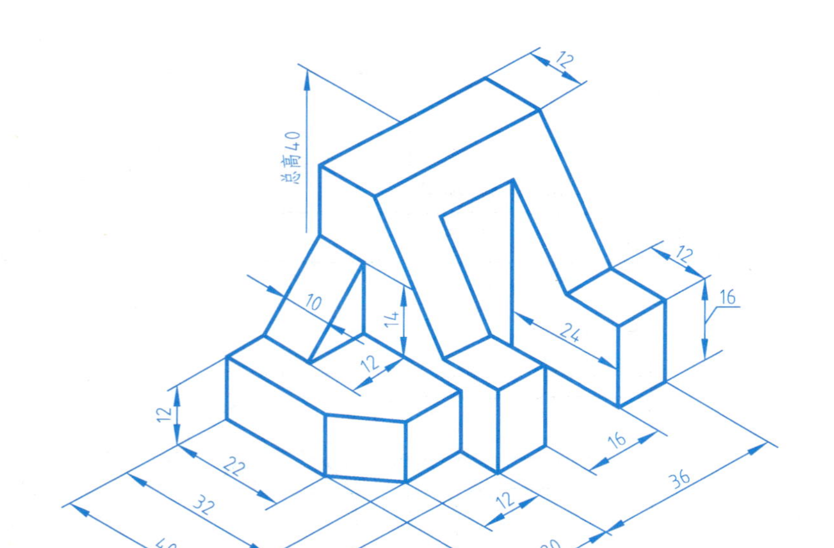

（2）支座。

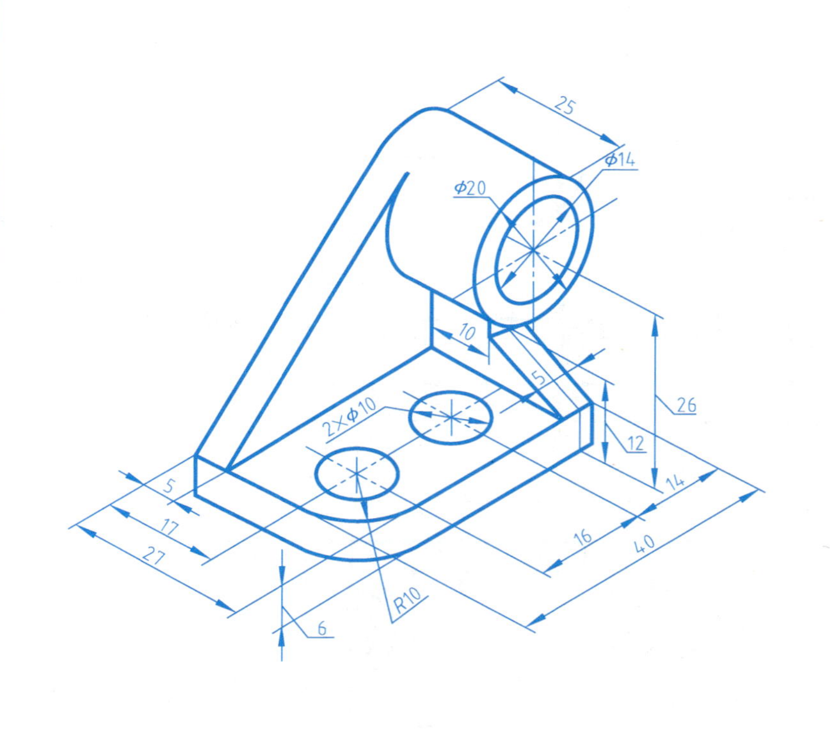

根据轴测图，选择合适的图纸和比例，绘制组合体三视图并标注尺寸。

（3）底座。

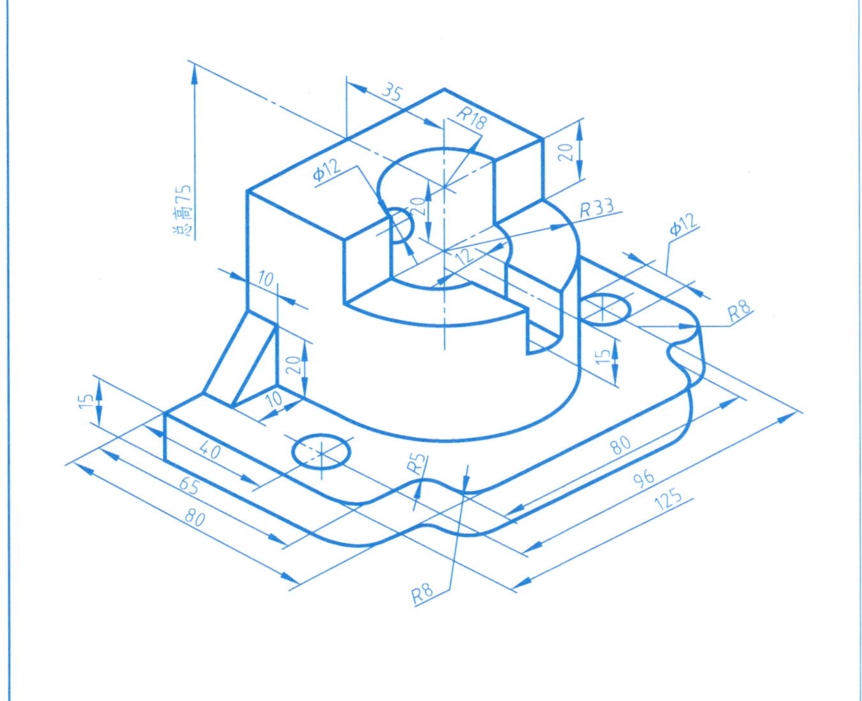

（4）支撑座。

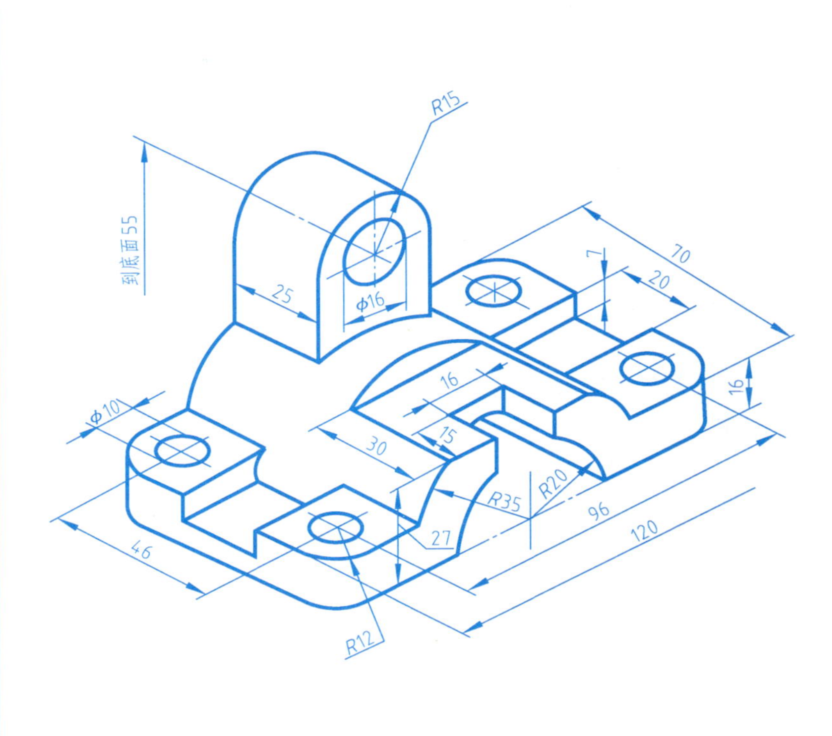

项目 4　典型零件的识读与表达

任务 4.1　识读传动轴零件图

一、识读传动轴零件图

班　级______　学　号______　姓　名______　成　绩______

1. 一张完整的零件图由标题栏、________、________和________四部分内容组成。

2. 右图零件名称为______，材料是______，绘图比例为______，属于________（放大、缩小、原值）比例。

3. 图中零件用了______个视图表达，表达方法为________。该零件的形体是由________段直径不同的________组成。

4. 图中“2×1”“5×1”表示________工艺结构，“C1”“C2”表示________工艺结构，“R1”“R2”表示________工艺结构。

5. 尺寸“$\phi32^{-0.025}_{-0.050}$”中，“$\phi32$”表示________________，“-0.025”表示________________，“-0.050”表示________________，说明加工该零件时，实际尺寸合格范围是________________。

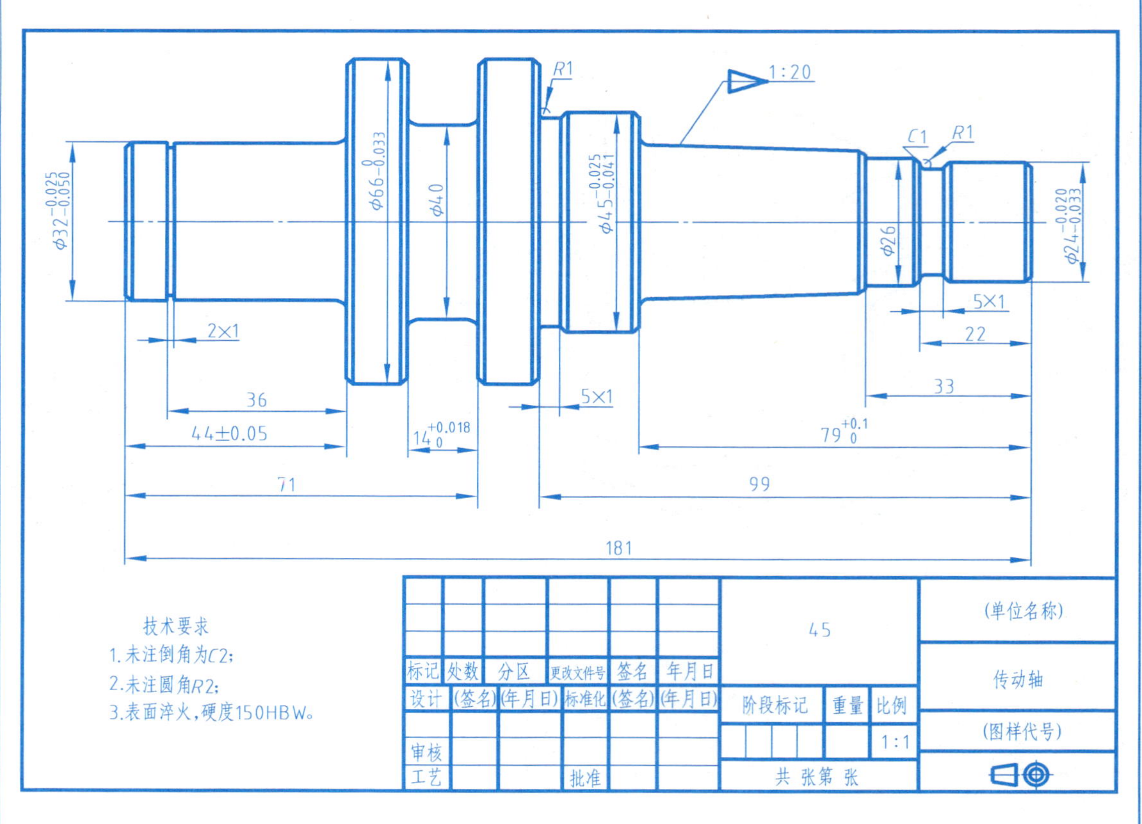

根据三视图画出右视图、仰视图和后视图。

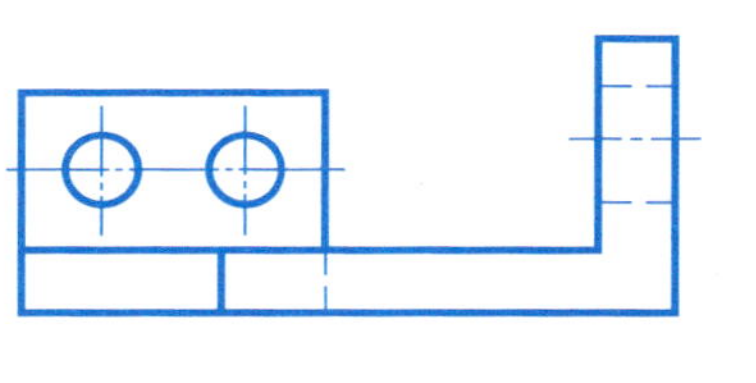

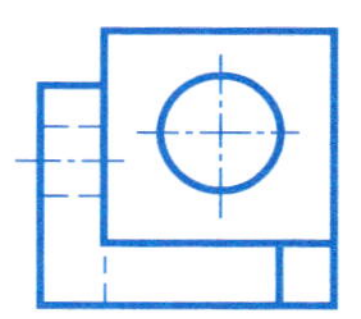

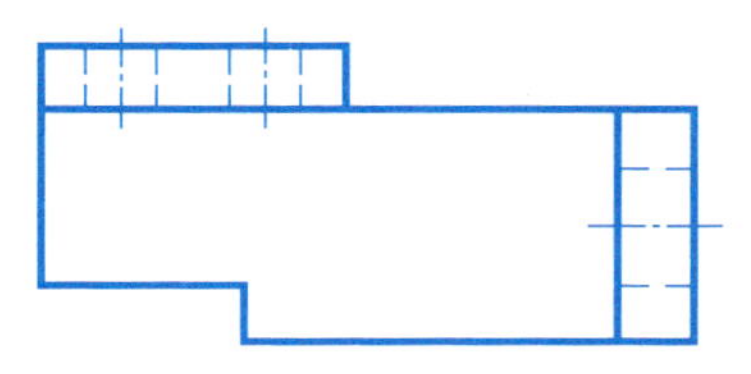

1. 根据主、左、俯视图画出 A 向、B 向视图。

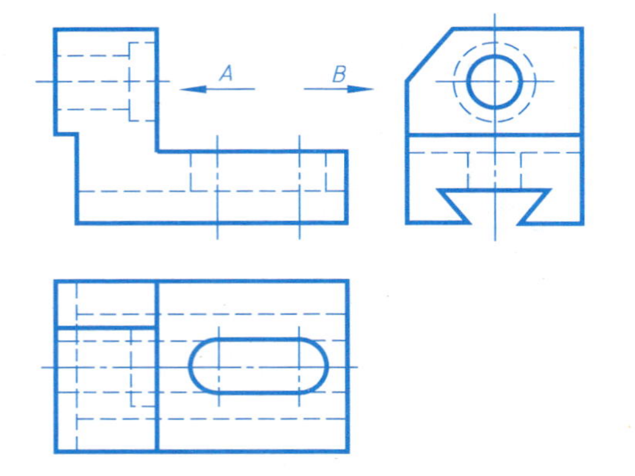

2. 已知主、俯视图，按箭头所指方向，在适当位置画出相应的向视图。

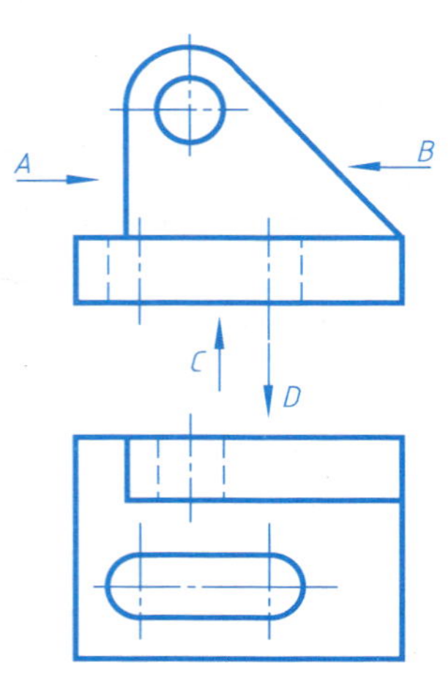

四、轴套类零件的常见工艺结构

班　级＿＿＿＿　学　号＿＿＿＿　姓　名＿＿＿＿　成　绩＿＿＿＿

1. 找出并标注轴和轴套上工艺结构的尺寸（数值从图上量取并取整）。

（1）轴。

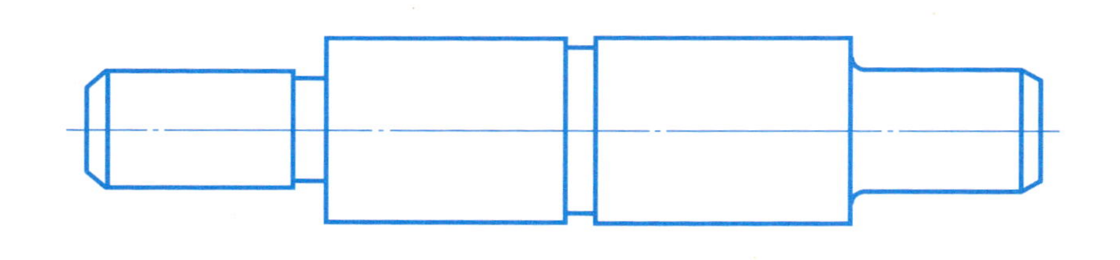

（2）轴套。

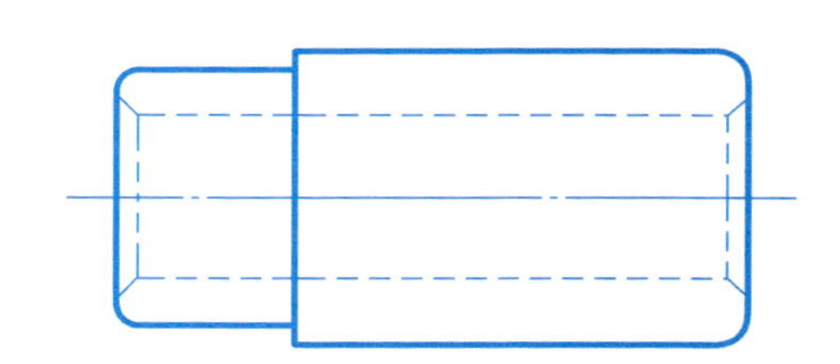

2. 为轴选择合适的表达方法（尺寸自定，轴两端有倒角，轴段间有退刀槽、倒圆）。

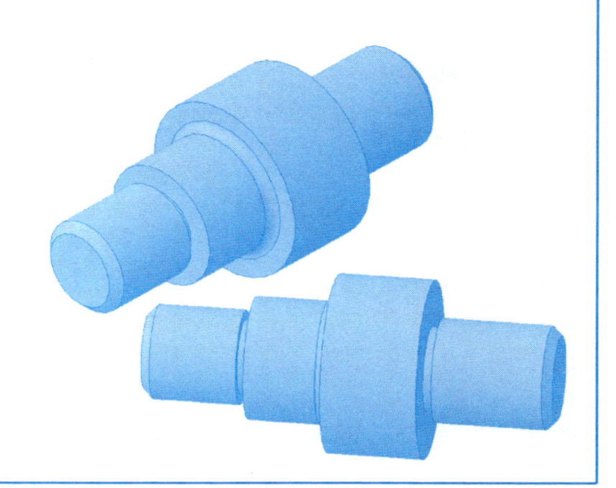

五、尺寸公差查表与识读

班 级______ 学 号______ 姓 名______ 成 绩______

1. 根据公称尺寸和公差带代号，查表填写相关内容。

公称尺寸及公差带代号	上极限偏差	下极限偏差	基本偏差	上极限尺寸	下极限尺寸	公差
ϕ50H7						
ϕ50f6						
ϕ28h6						
ϕ28K7						
ϕ30P7						
ϕ30g7						
ϕ25G7						
ϕ25js7						

2. 根据零件图上的尺寸标注，完成填空。

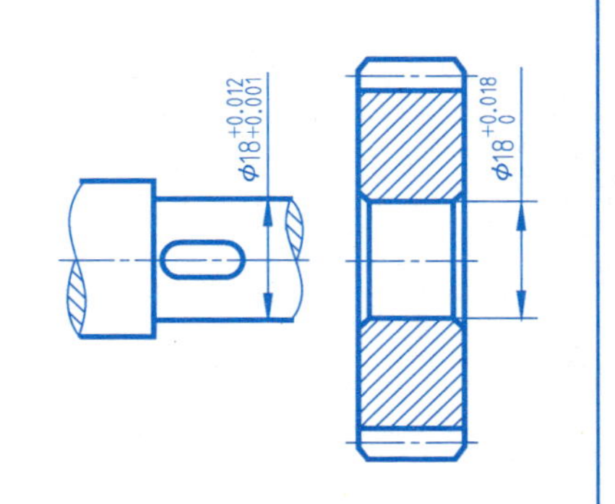

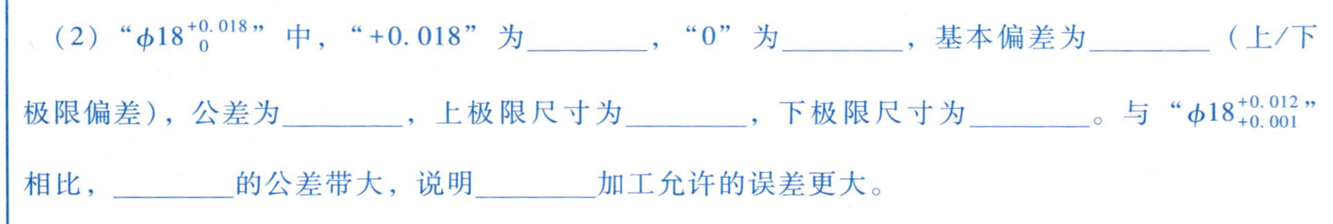

（1）“$\phi18^{+0.012}_{+0.001}$”中，公称尺寸为________，上极限偏差为________，下极限偏差为________，上极限尺寸为________，下极限尺寸为________，尺寸公差为________。实际尺寸 ϕ18.010，该尺寸______（合格/不合格）。

（2）“$\phi18^{+0.018}_{0}$”中，“+0.018”为________，“0”为________，基本偏差为________（上/下极限偏差），公差为________，上极限尺寸为________，下极限尺寸为________。与“$\phi18^{+0.012}_{+0.001}$”相比，________的公差带大，说明________加工允许的误差更大。

任务 4.2　识读压盖零件图

一、识读压盖零件图

班　级______　学　号______　姓　名______　成　绩______

1. 图中零件用了______个视图表达，主视图表达方法为________，采用这种表达方法是为了表达清楚______。另一个视图表达方法为________。

2. 左视图上的很多同心圆，从里到外，直径分别是______________。

3. 图中“2×ϕ35”表示________工艺结构，倒角尺寸为________。

4. “(64)”表示________________。

5. 查表 ϕ52f7，上极限偏差为________，下极限偏差为________，公差为________，上极限尺寸为________，下极限尺寸为________。

6. 表面粗糙度值为 $Ra1.6\mu m$ 的表面分别是________、________、________。表面粗糙度值为 $Ra3.2\mu m$ 的表面是____________，零件右端面表面粗糙度要求是______。Ra 值为______的表面要求最光滑。

7. 试将主视图分别用半剖视图和局部剖视图进行改画。

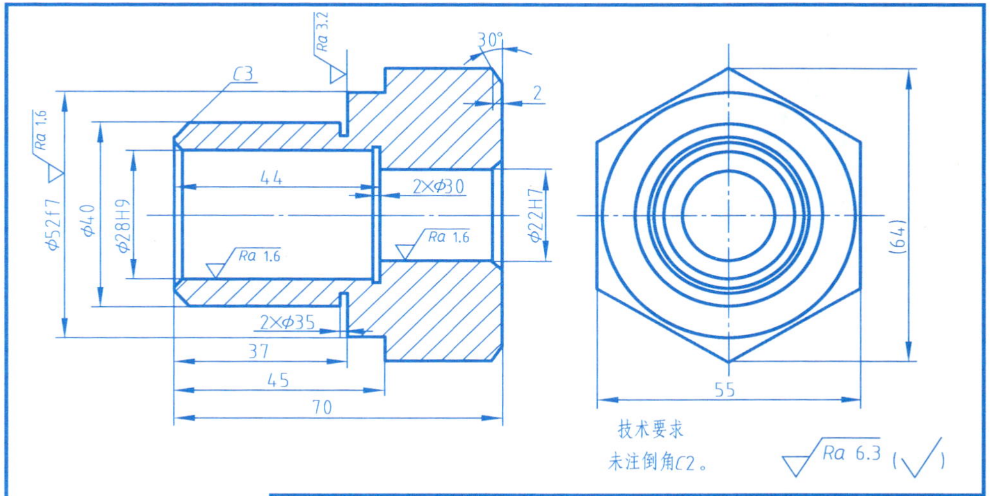

						45	(单位名称)
标记	处数	分区	更改文件号	签名	年月日		压盖
设计	(签名)	(年月日)	标准化	(签名)	(年月日)	阶段标记 重量 比例	
						1:1	(图样代号)
审核							
工艺			批准			共 张第 张	

1. 补画下列全剖视图中所缺的图线。

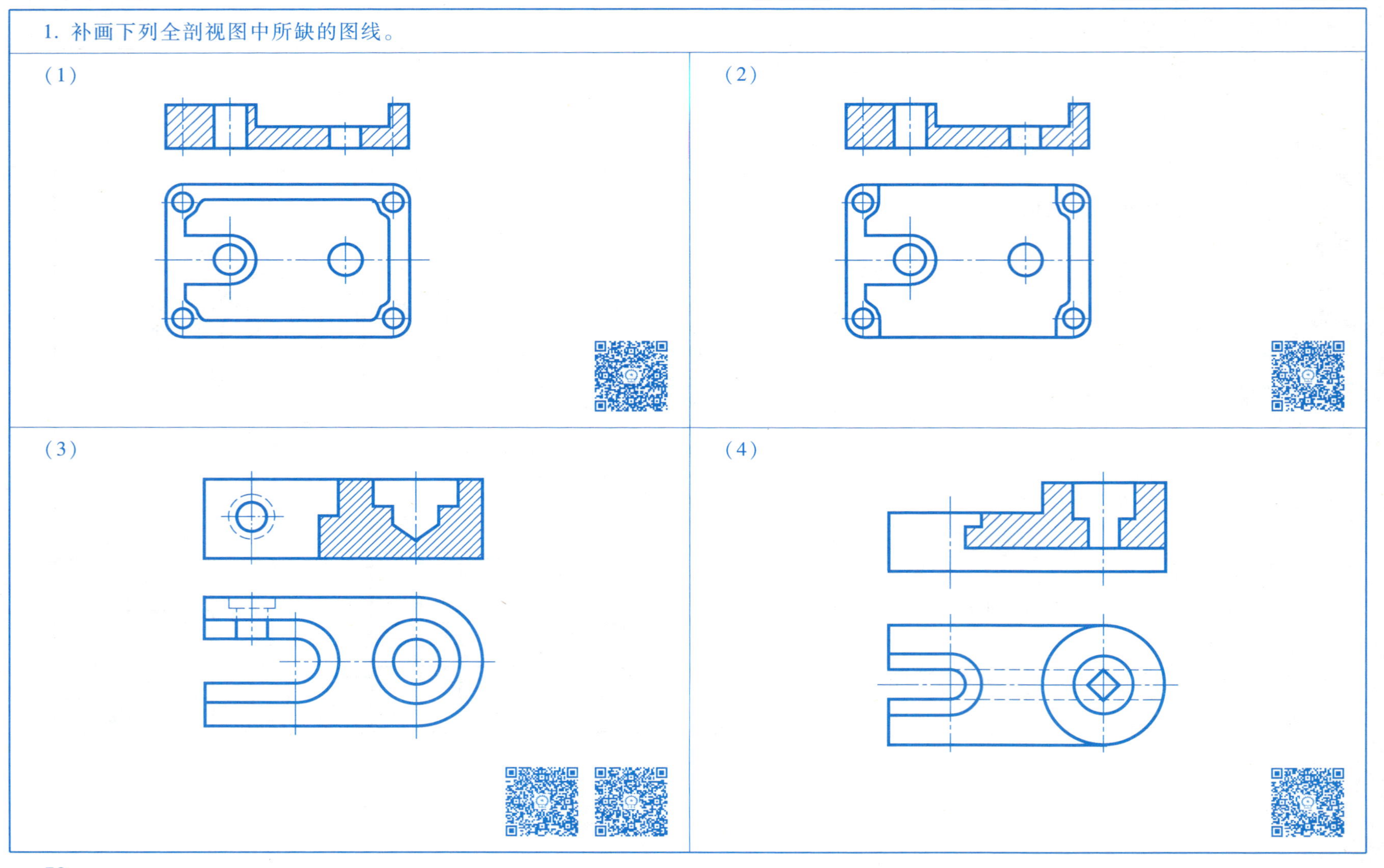

1. 补画下列全剖视图中所缺的图线。

2. 用单一剖切面，将主视图改画成全剖视图。

（1）

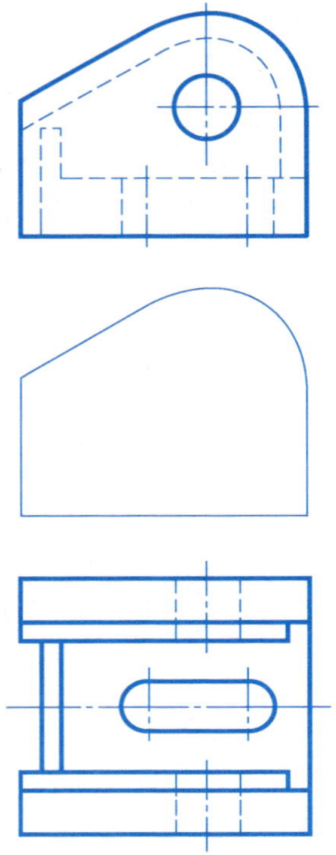

（2）

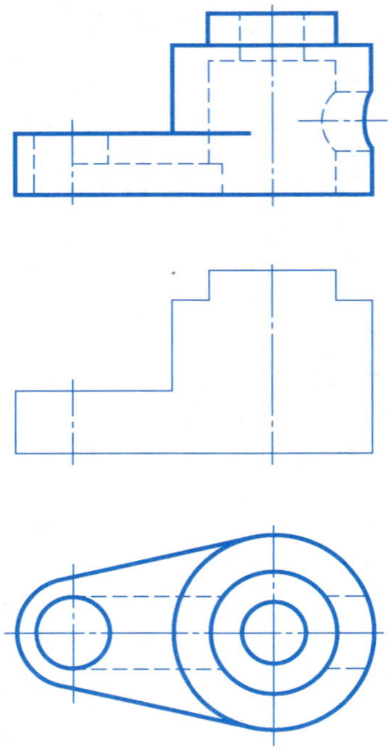

2. 用单一剖切面，将主视图改画成全剖视图。

（3）

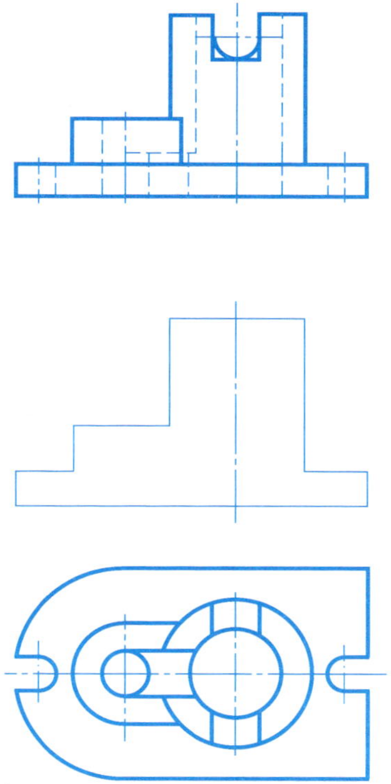

（4）

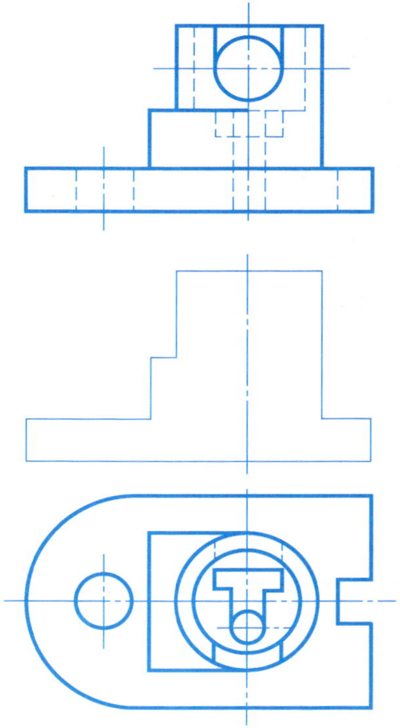

1. 补画下列半剖视图中的缺线。

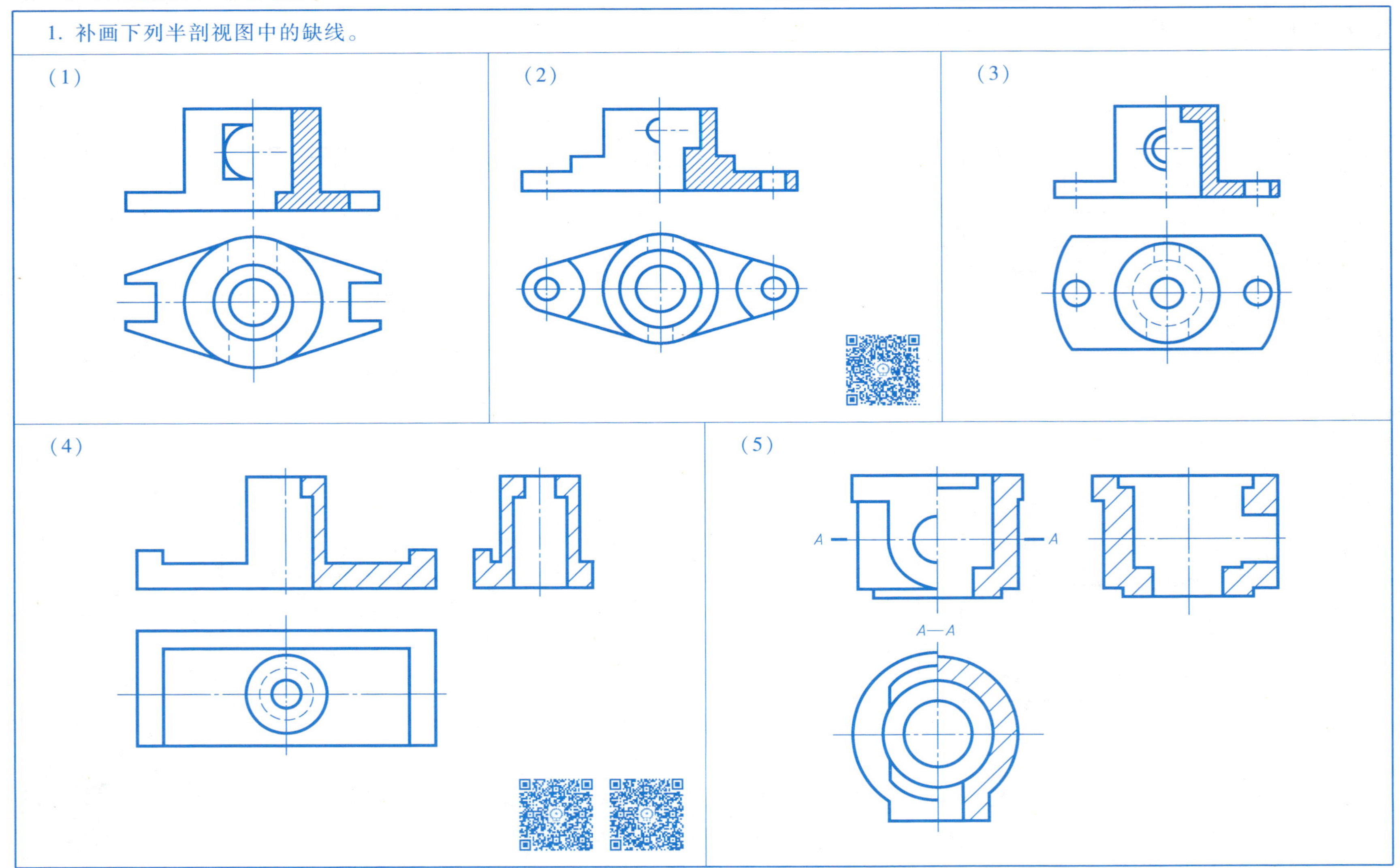

 班 级______ 学 号______ 姓 名______ 成 绩______

2. 读懂视图，将主视图改画成半剖视图。

（1）

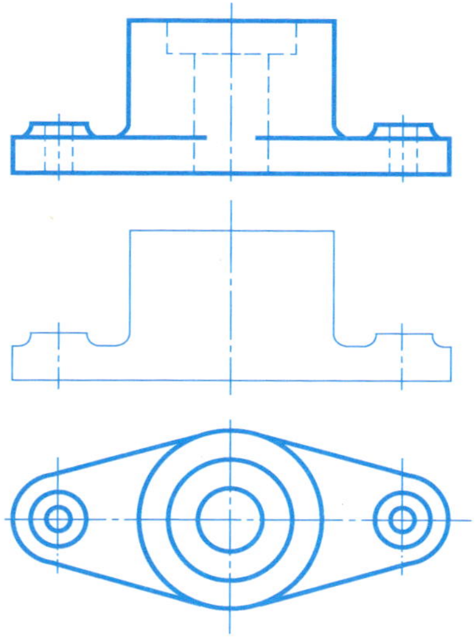

（2）

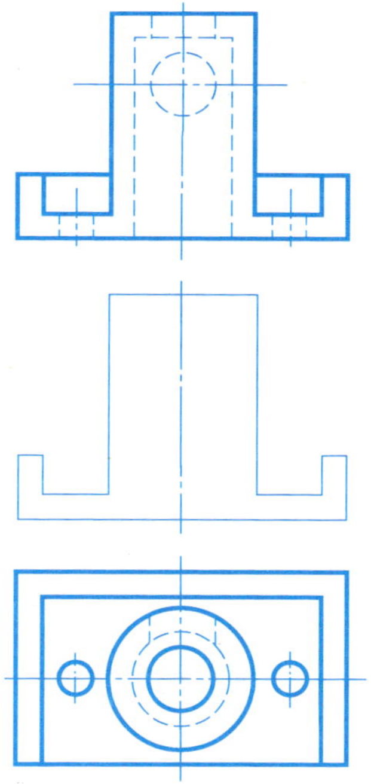

（3）

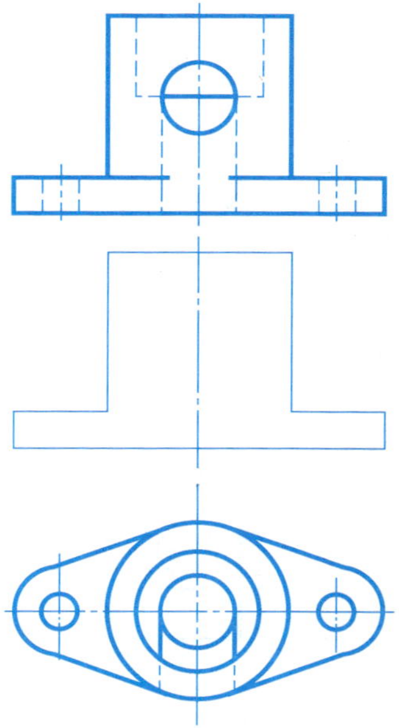

1. 指出并改正下列局部剖视图中的错误。

(1)

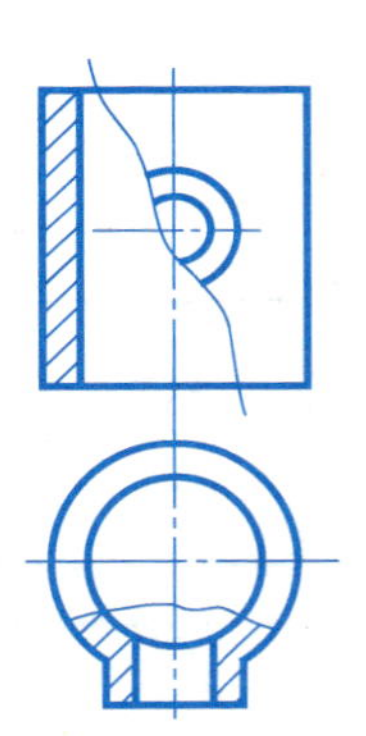

(2)

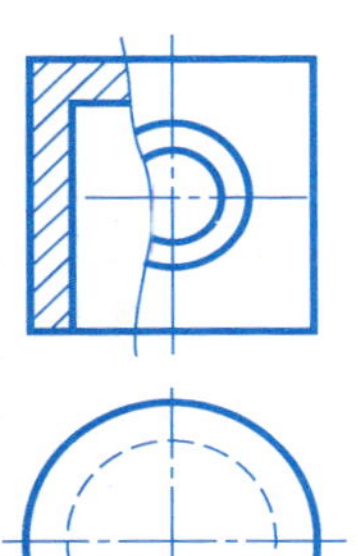

(3)

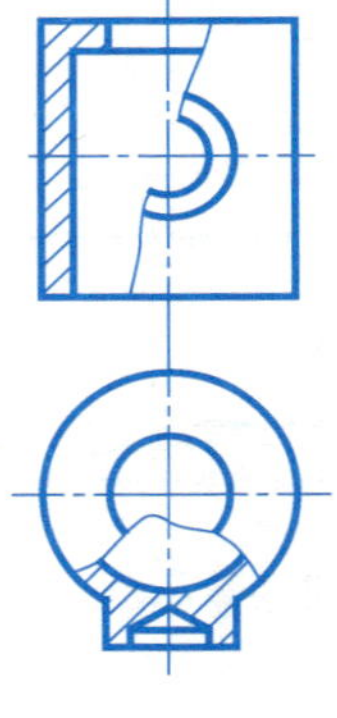

(4)

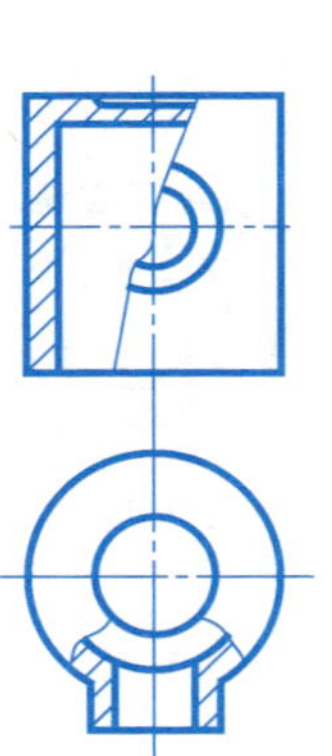

(5)

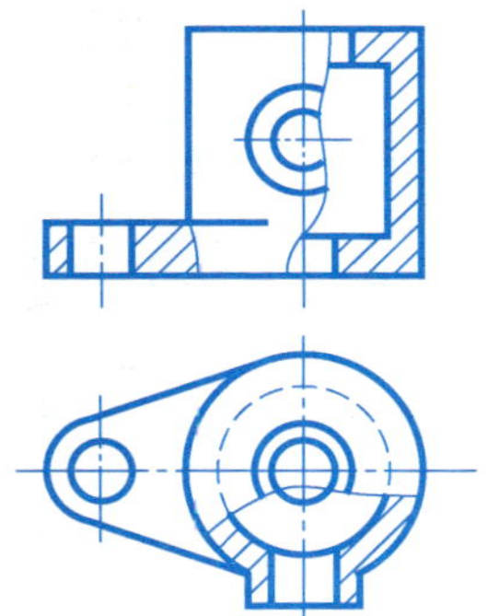

(6)

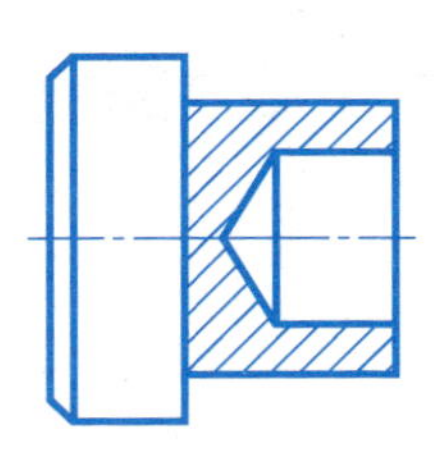

2. 将给出的视图改画成局部剖视图。

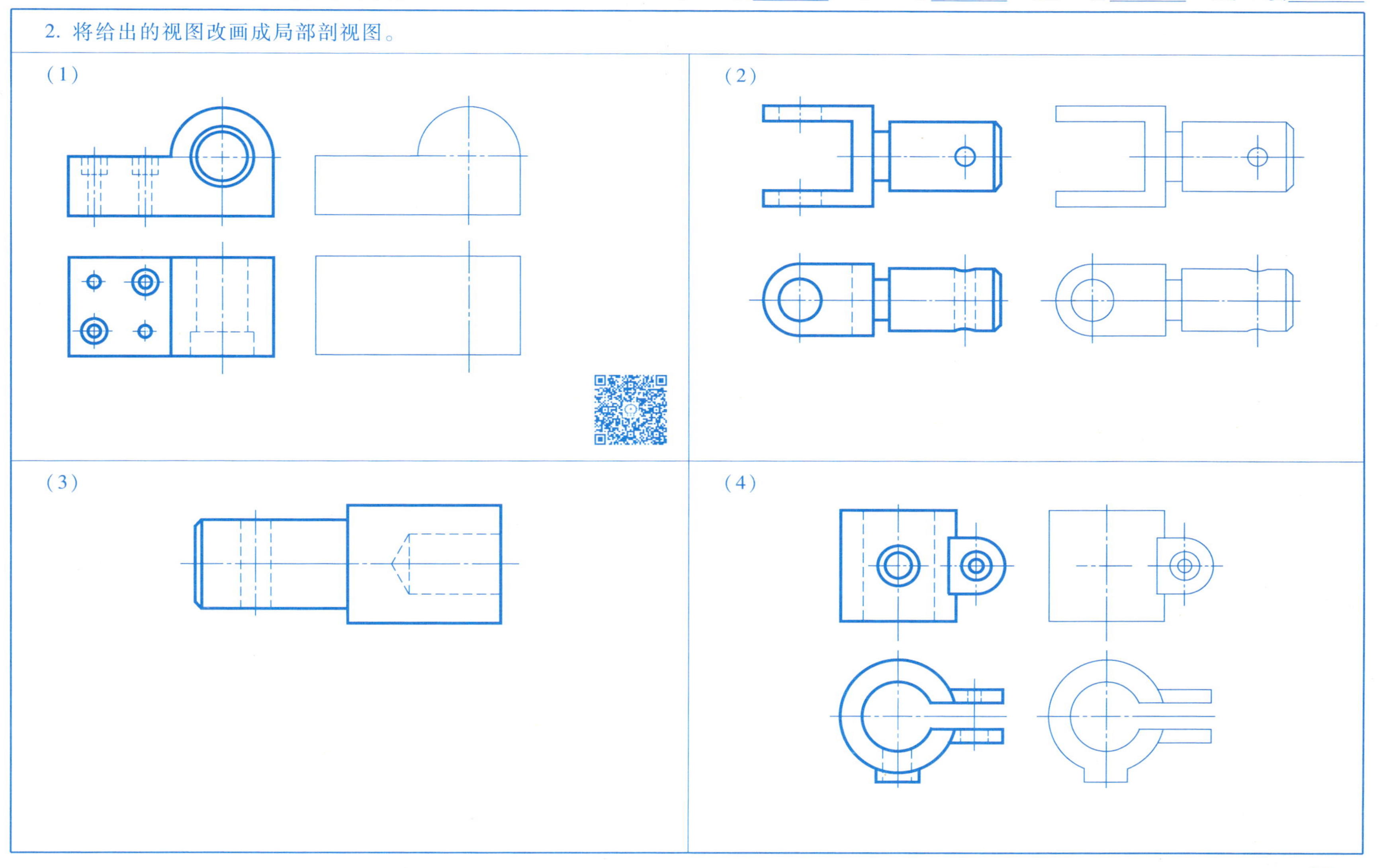

识读图中标注的表面粗糙度，完成填空。

（1）

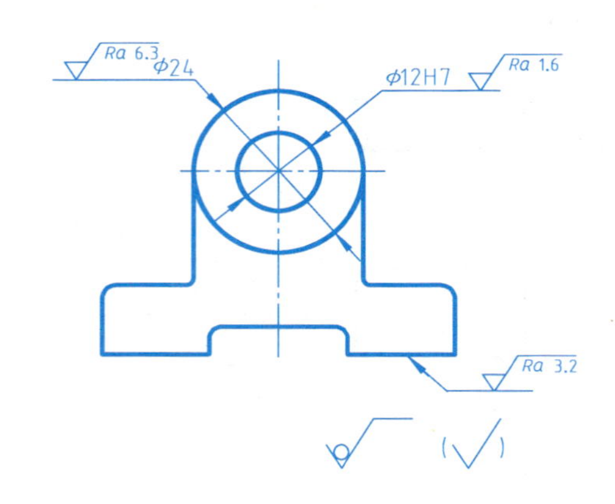

1）√Ra 1.6 表示的是____________的表面粗糙度，√Ra 3.2 表示的是____________________的表面粗糙度，√Ra 6.3 表示的是____________的表面粗糙度，√（不去除材料）表示的是____________的表面粗糙度。

2）零件表面要求最光滑的是____________。

（2）

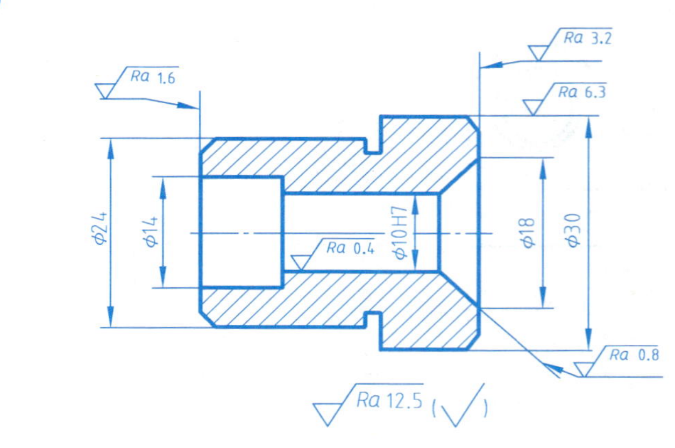

1）√Ra 1.6 表示的是____________的表面粗糙度，√Ra 0.8 表示的是____________的表面粗糙度，√Ra 6.3 表示的是____________的表面粗糙度。

2）零件右端面表面粗糙度要求为____________，ϕ10H7 孔表面的表面粗糙度要求为____________，ϕ14mm 孔表面的表面粗糙度要求为____________，ϕ24mm 圆柱表面粗糙度要求为____________。

3）零件表面要求最光滑的是____________。

任务 4.3　识读泵轴零件图

一、识读泵轴零件图

班　级______　学　号______　姓　名______　成　绩______

1. 图中零件用了________个视图表达，主视图表达方法为________，采用这种表达方法是为了表达清楚________。A—A、D—D 为________表达方法，Ⅰ、Ⅱ为________表达方法。

2. 泵轴上一共钻了________个孔，孔径分别为________________，其中有一个是不通孔，孔深为________。

3. 泵轴上有个键槽，其定形尺寸为____________，定位尺寸为____________。键槽断面用________视图表示。

4. Ⅰ、Ⅱ处的“4∶1”是将____________（原零件、原视图）放大了 4 倍。

5. 该零件____________表面要求最光滑，其 Ra 值为________。

6. ◎ φ0.03 B 被测要素是____________，被测项目是________，公差值为________，基准要素为________________。

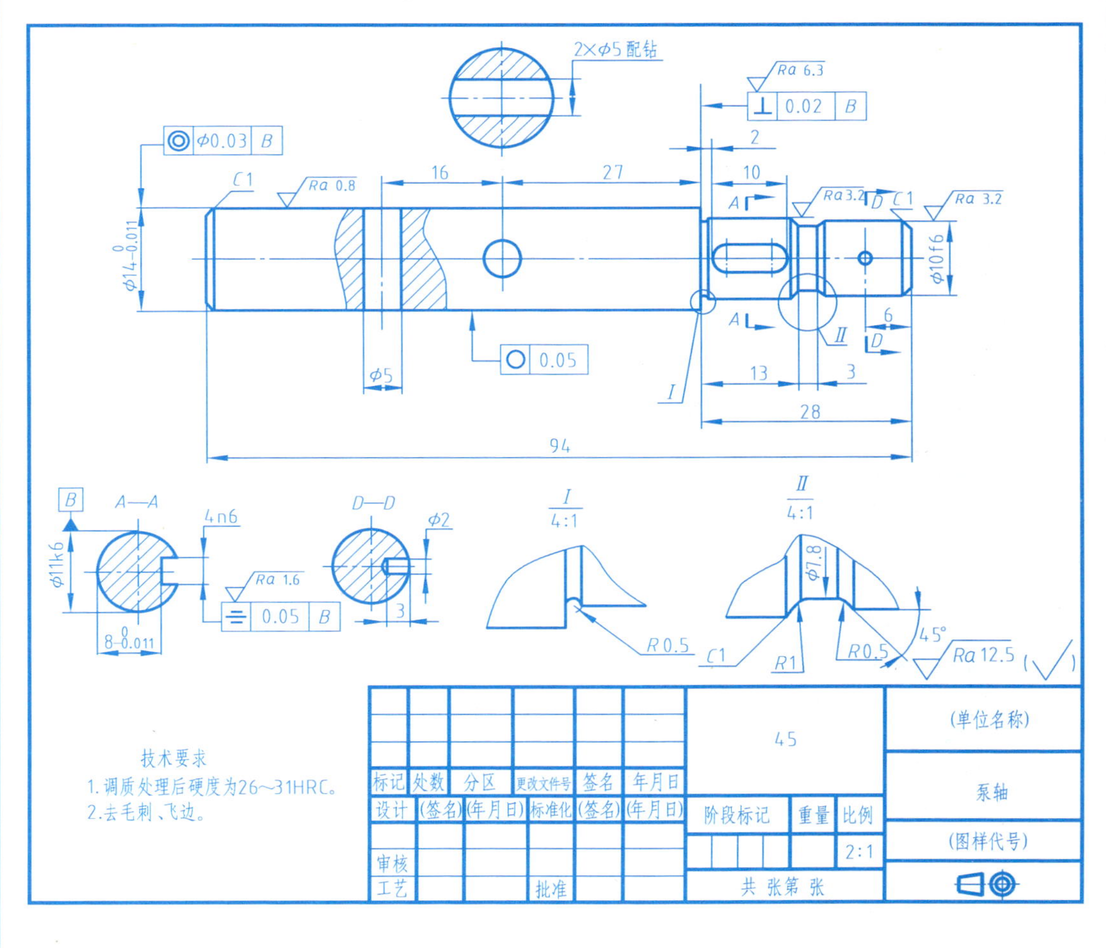

班 级______ 学 号______ 姓 名______ 成 绩______

1. 选出正确的断面图。

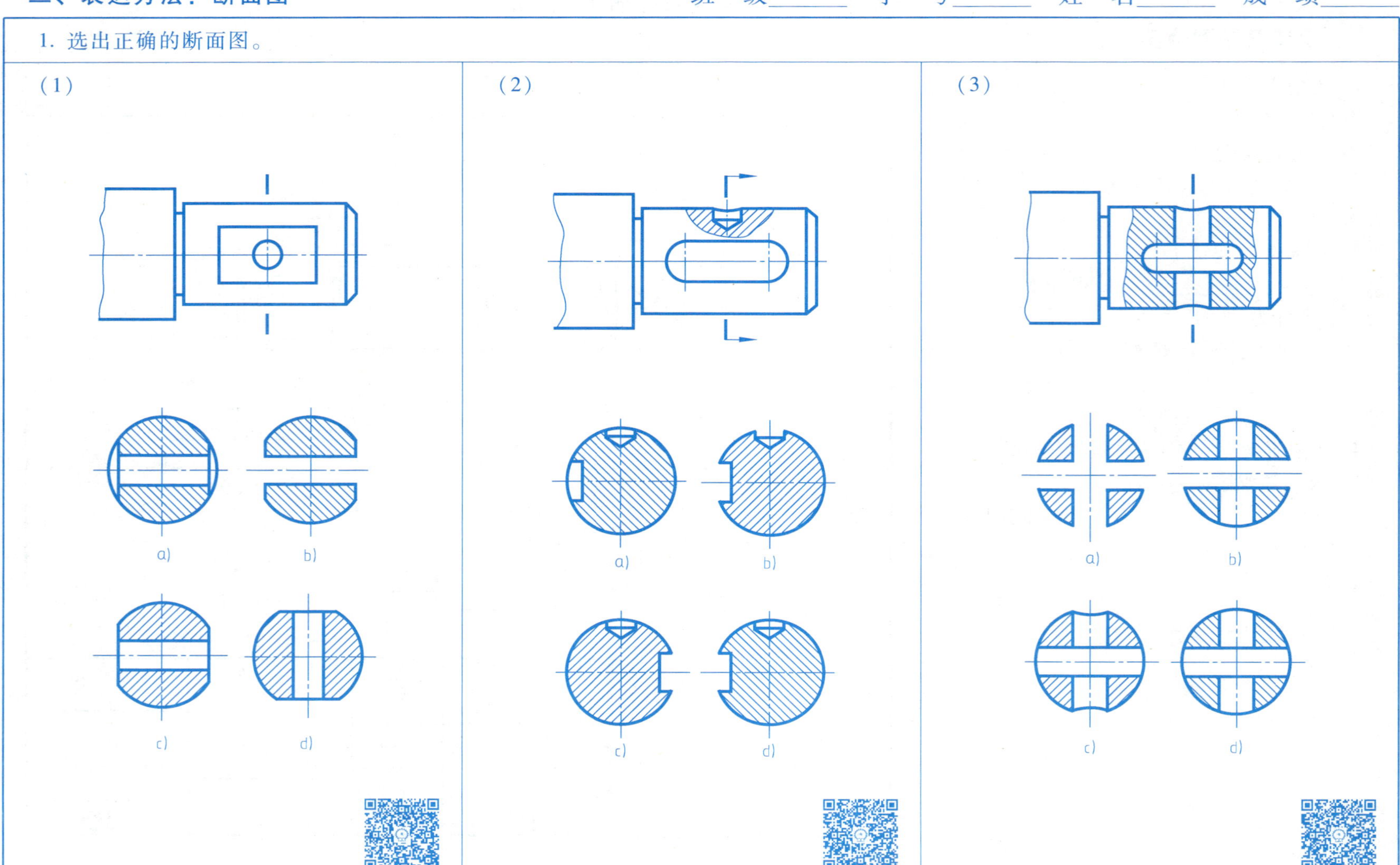

2. 找出下列对应的断面图，并在对应断面图上进行标注。

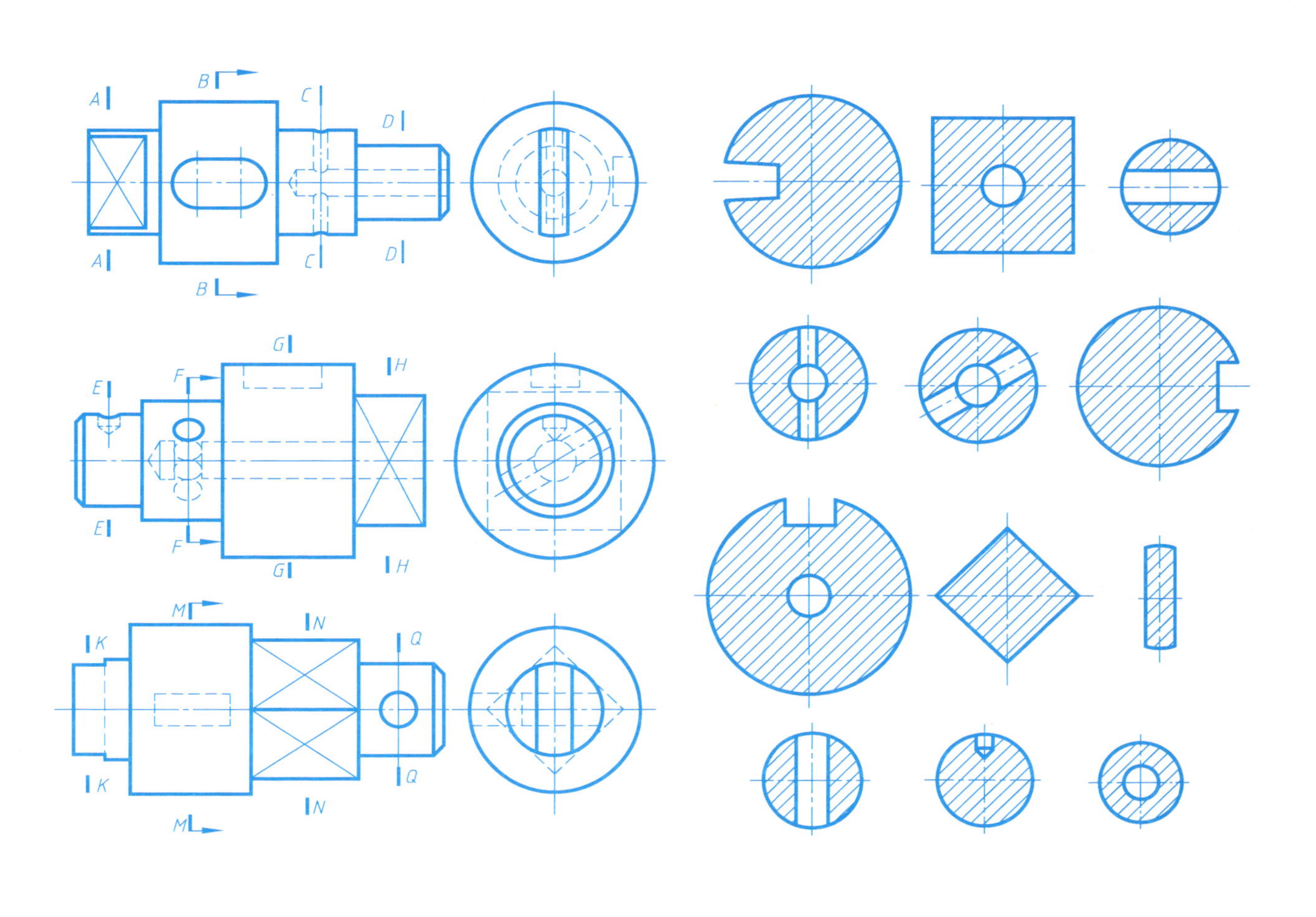

3. 画出下图中的断面图。

（1）左边槽宽 8mm，右边槽深 4mm。

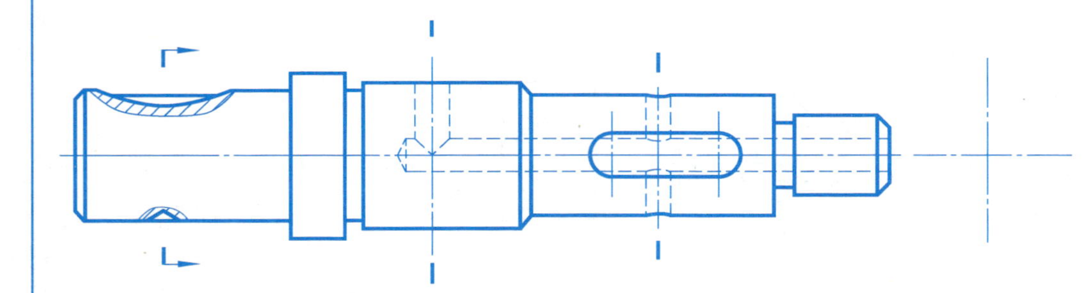

（2）

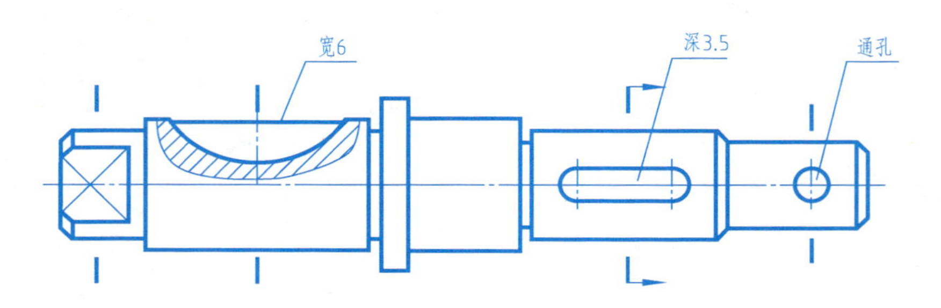

3. 画出下图中的断面图。

（3）在图中剖切处画出重合断面图。

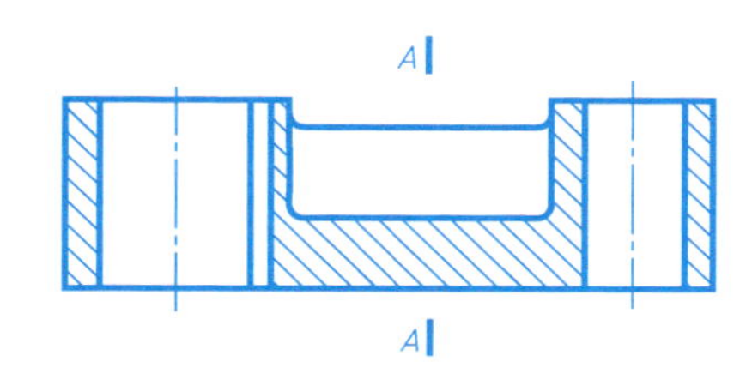

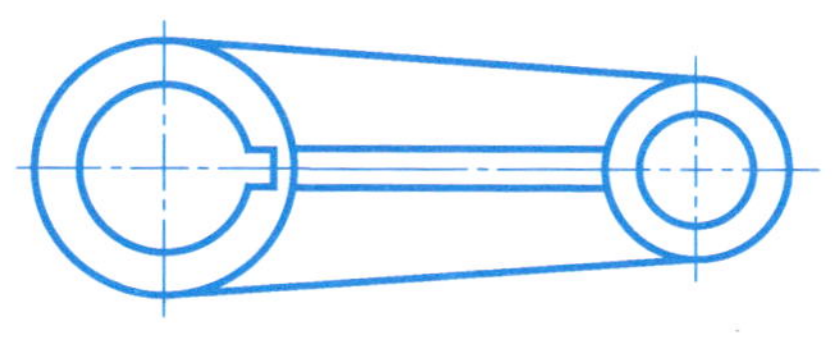

（4）画出图中肋板上点画线处重合断面图。

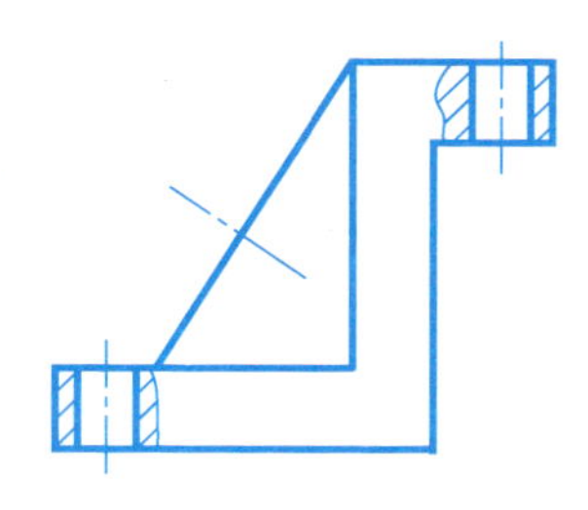

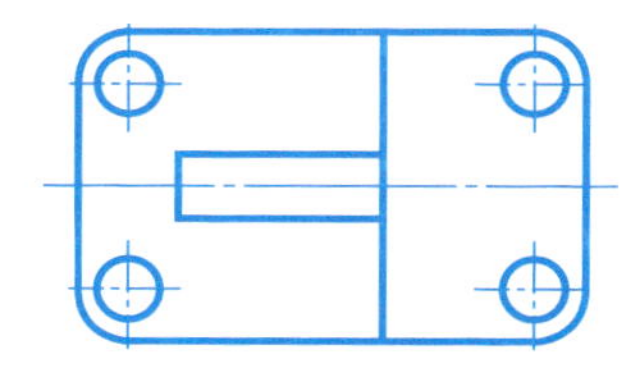

（5）在剖切线延长线上画出移出断面图。

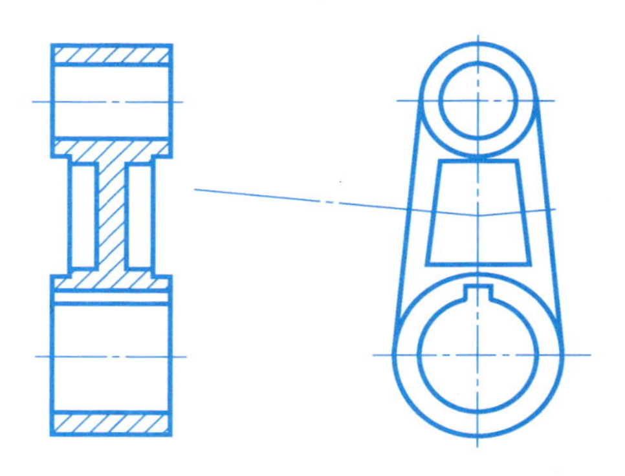

（1）

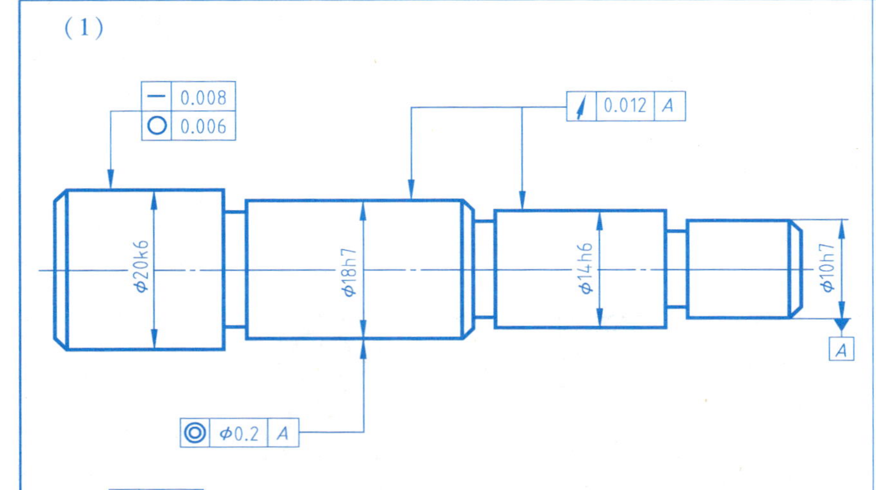

1）[— 0.008]：被测要素是__________，被测项目是__________，公差值为__________。

2）[○ 0.006]：被测要素是__________，被测项目是__________，公差值为__________。

3）[↗ 0.012 A]：被测要素是__________，被测项目是__________，公差值为__________，基准要素为__________。

4）[◎ φ0.2 A]：被测要素是__________，被测项目是__________，公差值为__________，基准要素为__________。

（2）

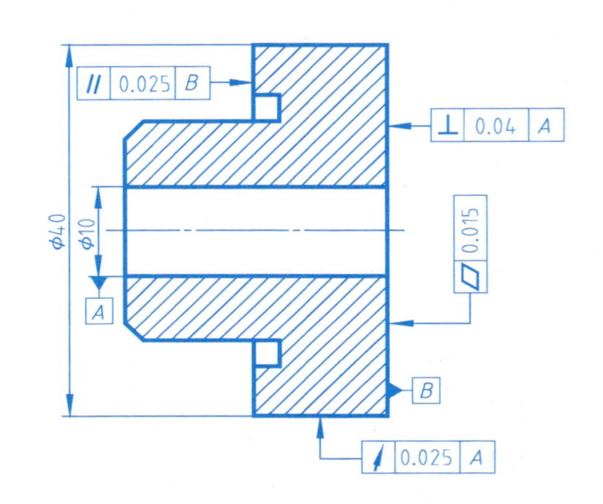

1）[// 0.025 B]：被测要素是__________，被测项目是__________，公差值为__________，基准要素为__________。

2）[⊥ 0.04 A]：被测要素是__________，被测项目是__________，公差值为__________，基准要素为__________。

3）[↗ 0.025 A]：被测要素是__________，被测项目是__________，公差值为__________，基准要素为__________。

4）[▱ 0.015]：被测要素是__________，被测项目是__________，公差值为__________。

四、标注几何公差

班　级＿＿＿＿　学　号＿＿＿＿　姓　名＿＿＿＿　成　绩＿＿＿＿

按要求标注几何公差。

(1) ϕ25mm 外圆柱素线的直线度公差为 0.012mm。

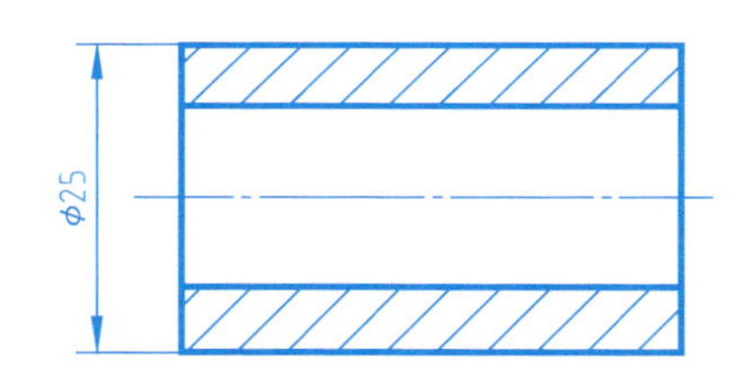

(2) ϕ22mm 表面的圆度公差为 0.01mm。

(3) ϕ25mm 圆柱轴线对 ϕ15mm 轴线的同轴度公差为 ϕ0.025mm。

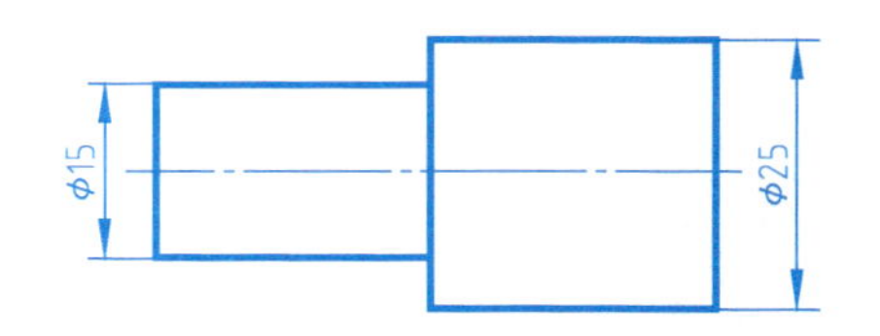

(4) ϕ25mm 圆柱表面对两端 ϕ15mm 公共轴线径向圆跳动的公差为 0.05mm。

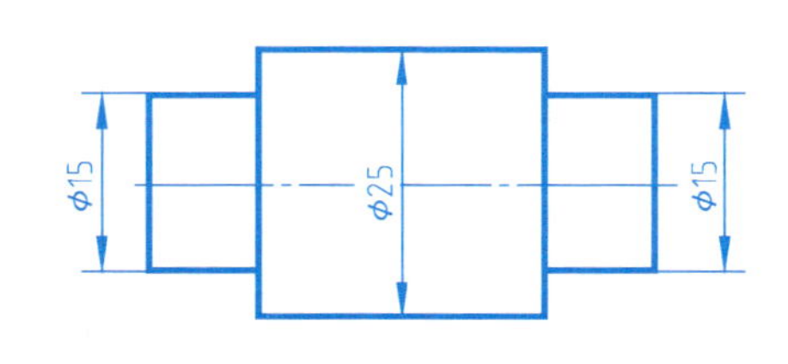

(5) ϕ10mm 孔轴线对底面的平行度公差为 0.04mm。

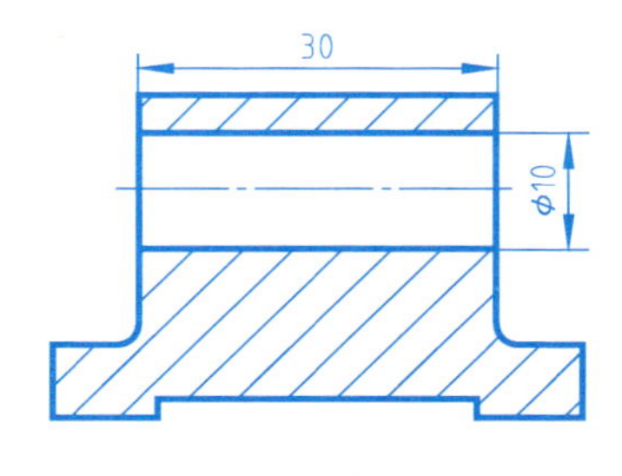

(6) ϕ62mm 圆柱左端面对 ϕ45mm 轴线的垂直度公差为 0.08mm。

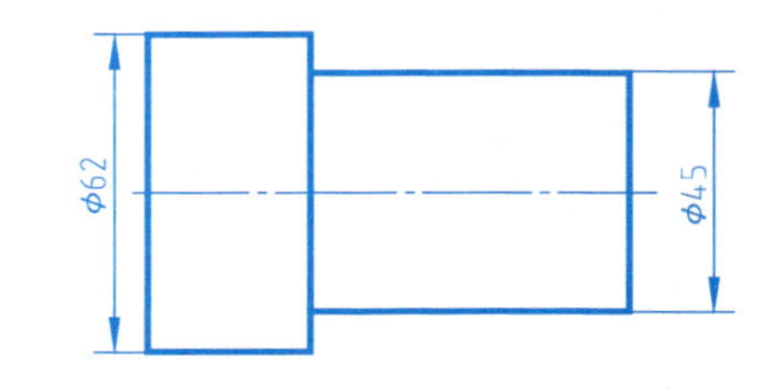

五、识读轴类零件图

班　级______　　学　号______　　姓　名______　　成　绩______

读偏心轴零件图，回答问题。

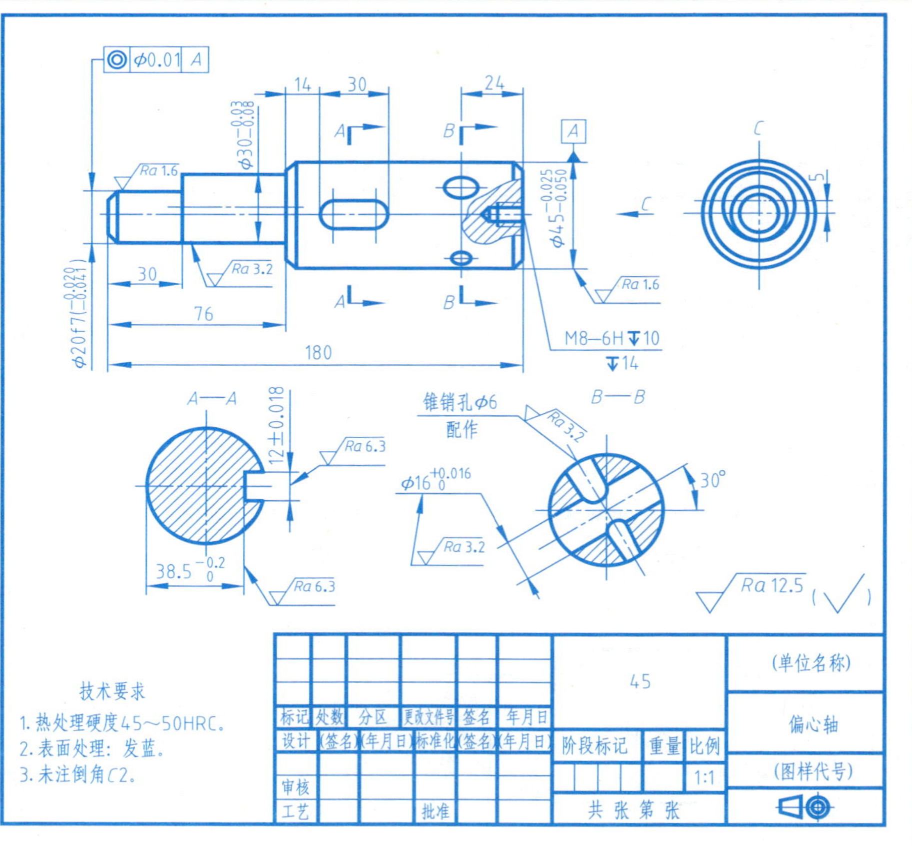

（1）零件名称是________，材料为________，比例为________。

（2）该零件用________个图形表达，其中基本视图有________个，它们是________视图和________视图，另两图是________表达方法。

（3）该零件由左、中、右三段组成：左段基本形状是________，其大小（定形尺寸）是________ mm，________ mm；中段基本形状是________，其大小是________ mm，________ mm；右段基本形状是________，其大小是________ mm，________ mm。中段的轴线和左、右两段轴线的偏心距离为________ mm。

（4）右段 $A—A$ 位置，在________方向开了一个键槽，键槽长度是________ mm，槽宽是________ mm，槽深是________ mm，它的定位尺寸是________ mm。

（5）在 $B—B$ 位置开了相互垂直的两个孔，大孔方向是由________方到________方，且与水平面成________角。

（6）左段 $\phi20f7\ (^{-0.020}_{-0.041})$，公称尺寸是________ mm，f7 表示________代号，"−0.020"是________，"−0.041"是________，其上极限尺寸是________，下极限尺寸是________，公差是________。

（7）$\phi16^{+0.016}_{0}$mm 圆孔的表面结构要求代号为________，键槽的表面结构要求代号是________。比较两者的表面，________的表面比较光滑。

任务 4.4 识读轴承盖零件图

一、识读轴承盖零件图

班 级______ 学 号______ 姓 名______ 成 绩______

（1）图中零件用了________个视图表达，主视图表达方法为________，采用这种表达方法是为了表达清楚________。左视图为________表达方法。

（2）轴承盖上共有________个直径为 ϕ9mm 的孔，“EQS”表示________。6 个均匀分布的肋板厚度为________，其断面用________进行表示。左视图上扇形区域是________（打通/不通）的。

（3）该零件________________表面要求最光滑，Ra 值为________________。（√）表示________________。

（4）零件尺寸有精度要求的有________，其中________________精度要求最高，其公差值为________。

（5）⊥ 0.05 A 被测要素是________，被测项目是________，公差值为________，基准要素为________。

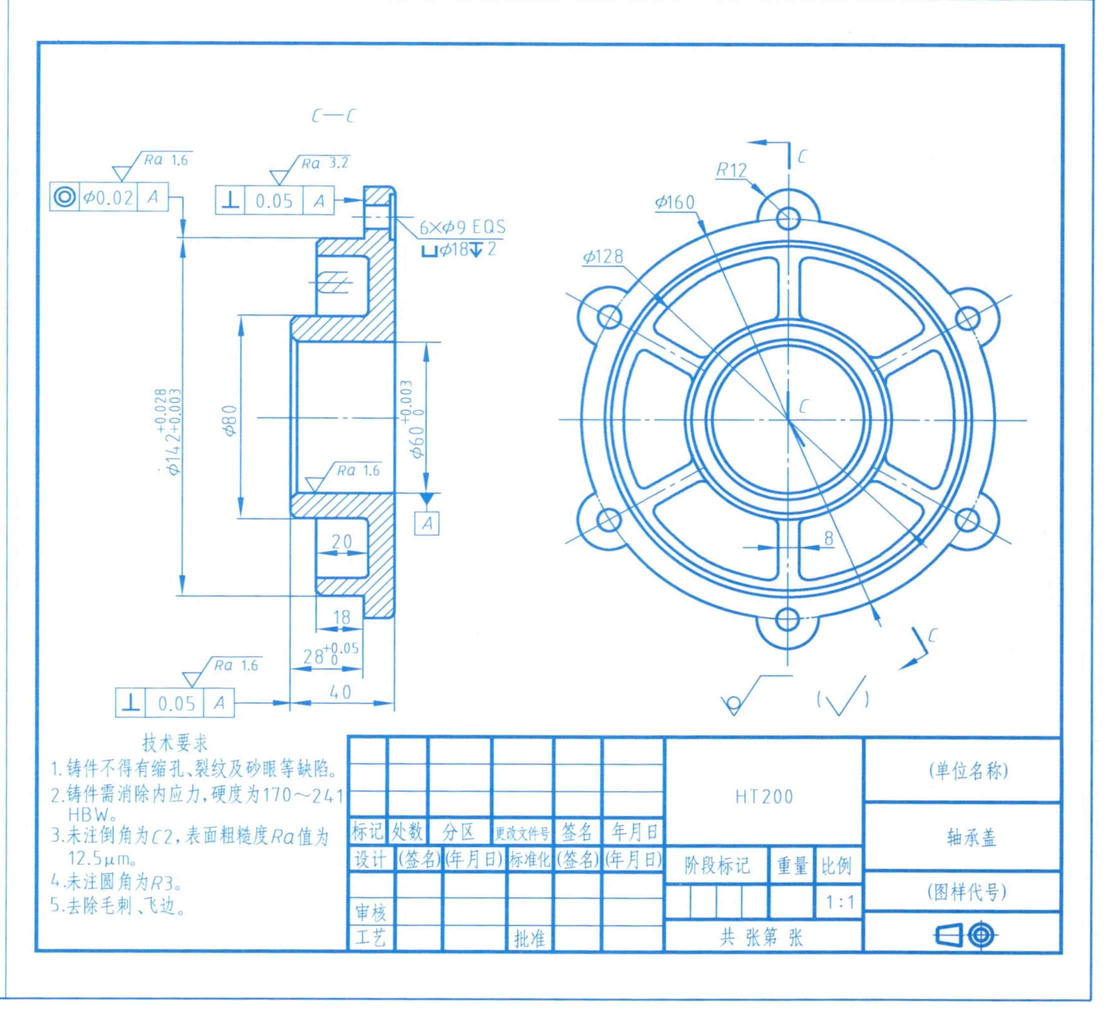

1. 将对应视图画成旋转剖视图。

(1)　　(2)

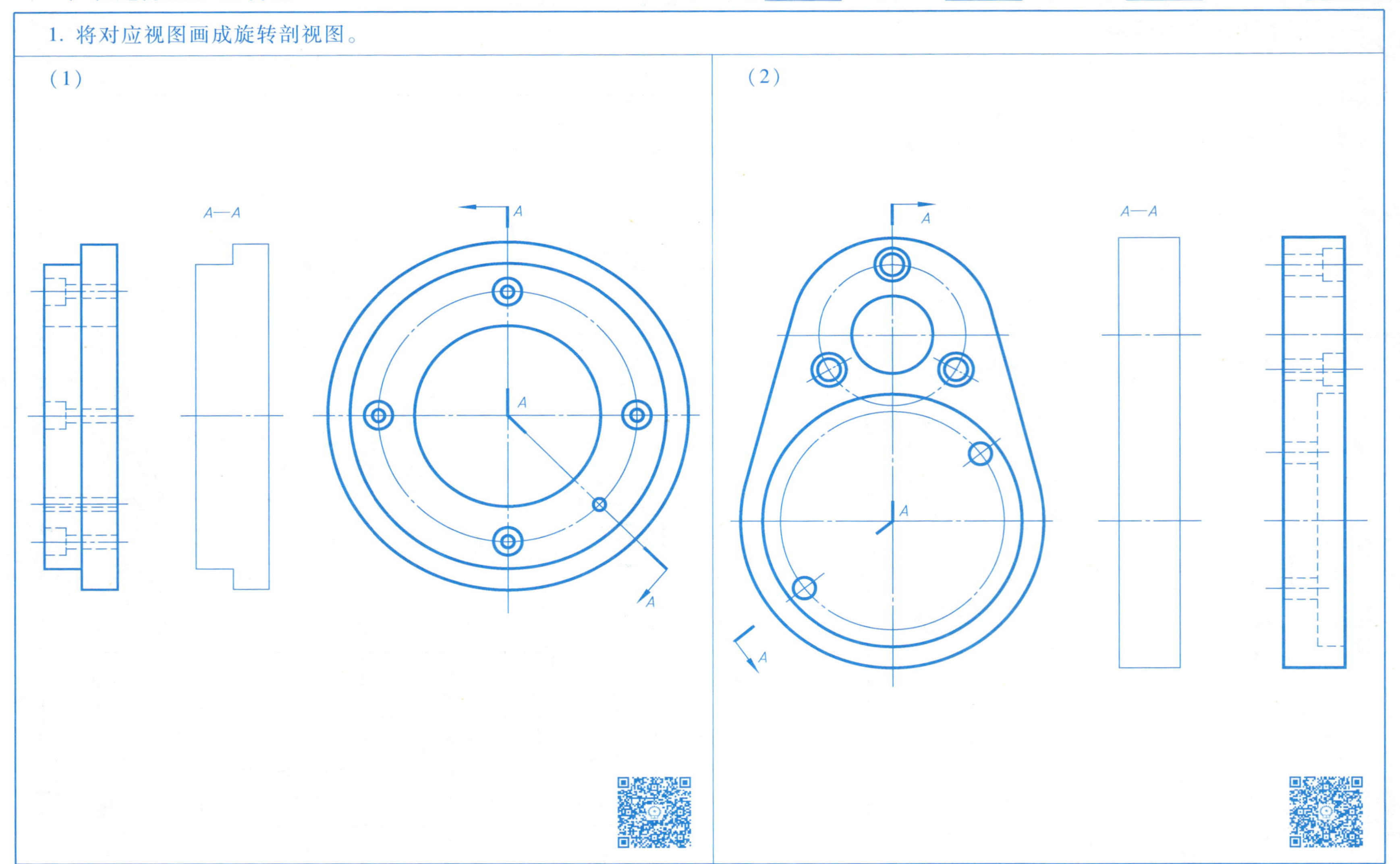

2. 用旋转剖将对应视图画成旋转剖视图，并标注剖切位置和剖视图名称。

（1）

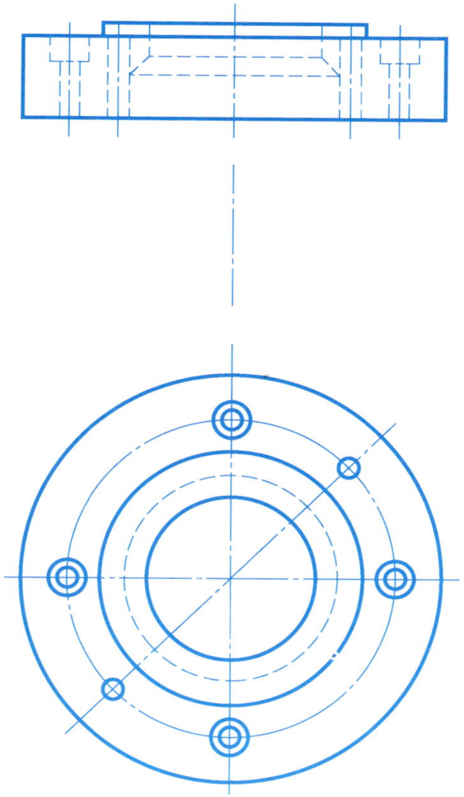

（2）

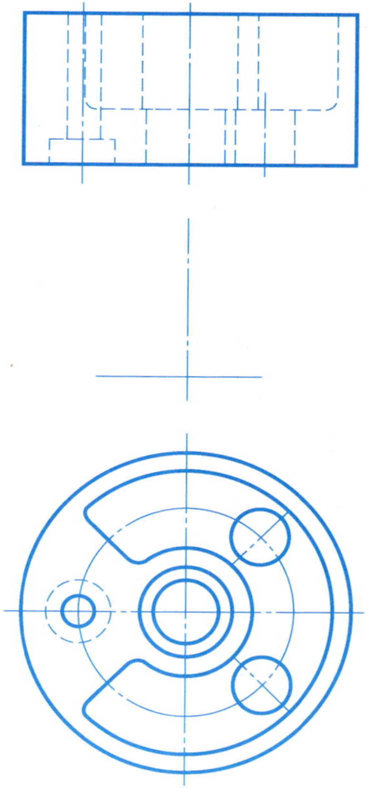

班　级______　学　号______　姓　名______　成　绩______

将主视图改画成阶梯剖视图，并进行标注。

（1）

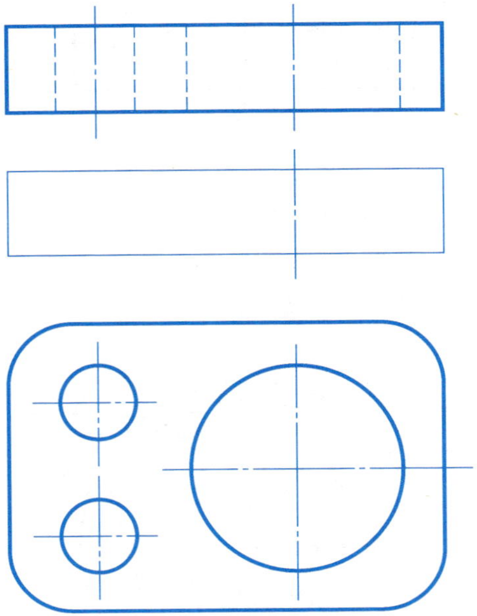

（2）

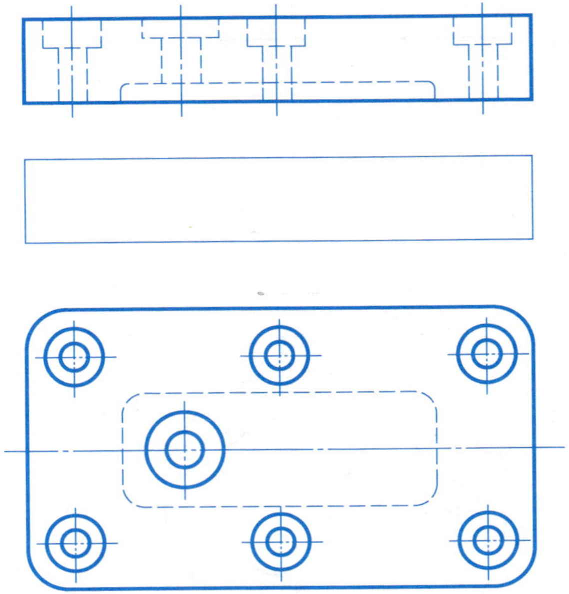

将主视图改画成阶梯剖视图，并进行标注。

（3）

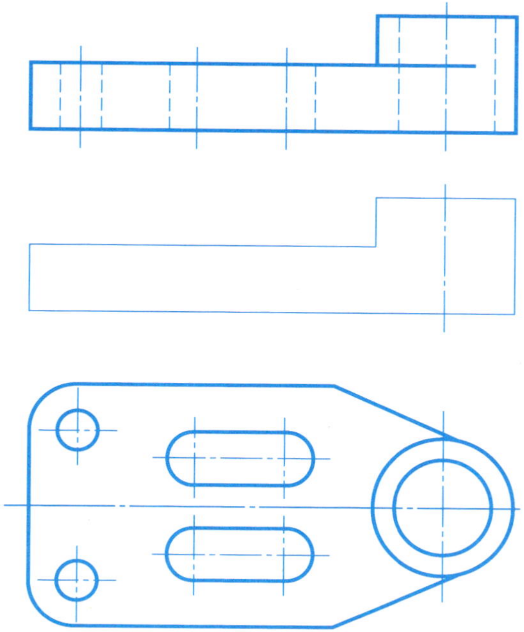

（4）

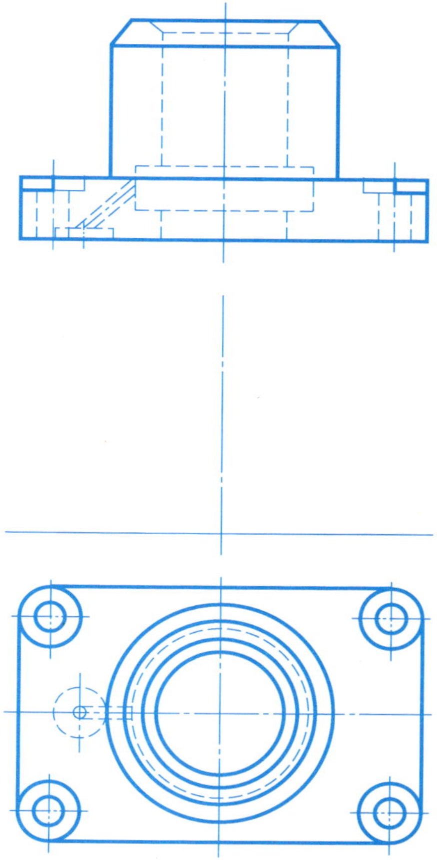

　　　　班　级______　学　号______　姓　名______　成　绩______

用复合剖将下列主视图改画为剖视图。

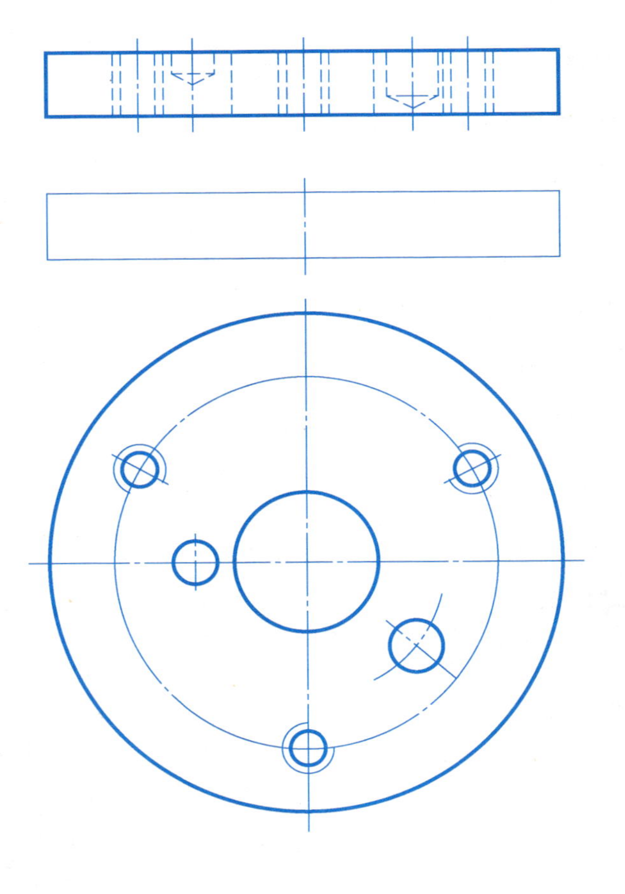

五、识读压盖零件图

班　级______　学　号______　姓　名______　成　绩______

（1）该零件名称为______，制造材料为______，绘图比例________，属于________（原值、放大、缩小）比例。

（2）分析压盖的表达方法：主视图表达方法为__________，左视图表达方法为__________。

（3）宽 8mm 的槽有______个，槽深为______ mm。

（4）分析长、宽、高三个方向的尺寸基准，并用指引线标出。

（5）压盖表面结构要求最高的表面是________。

（6）查表 ϕ80f6：上极限偏差________，下极限偏差________，公差________，上极限尺寸________，下极限尺寸________。

（7）解释几何公差 ⊥ 0.02 A：被测要素是______，公差项目为________，公差值为________，基准要素是________________。

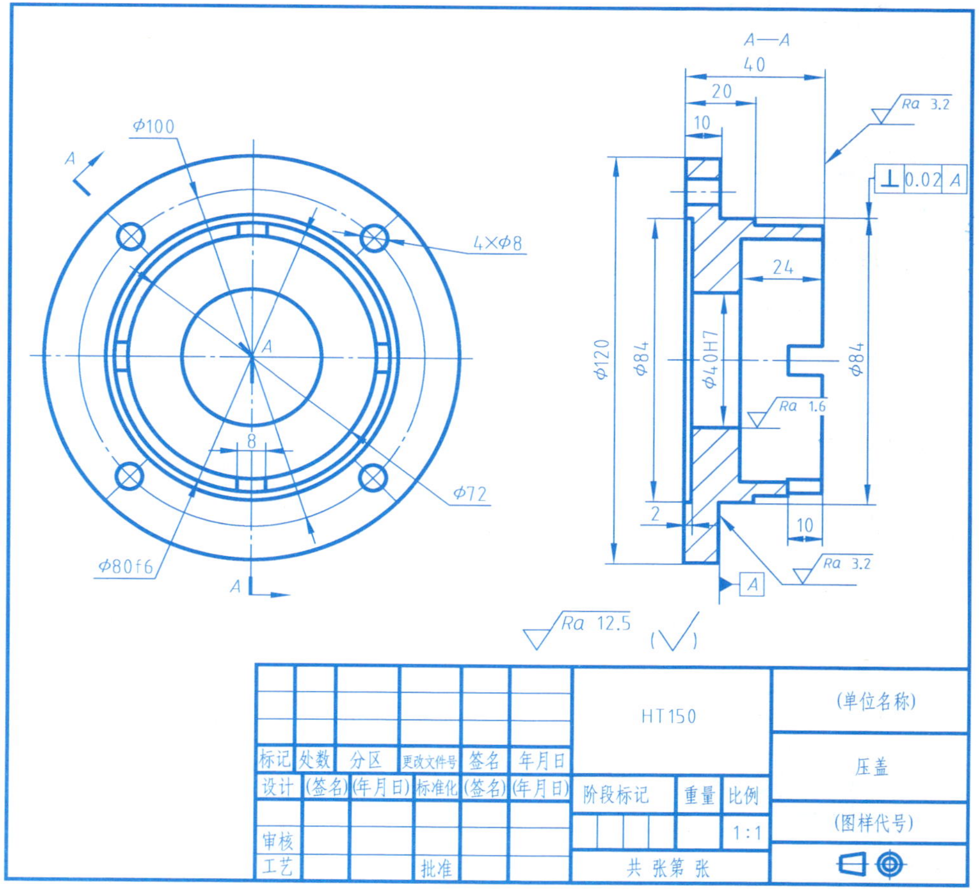

A—A
40
20
10
Ra 3.2
⊥ 0.02 A
φ100
A
4×φ8
24
φ120
φ84
φ40H7
φ84
Ra 1.6
8
φ72
2
10
φ80f6
Ra 3.2
A
Ra 12.5
(√)
HT150
(单位名称)
压盖
(图样代号)
标记 处数 分区 更改文件号 签名 年月日
设计 (签名) (年月日) 标准化 (签名) (年月日)
阶段标记 重量 比例
1:1
审核
工艺 批准
共 张第 张

任务 4.5 绘制工件加工盘零件图

一、标注表面结构要求

班 级______ 学 号______ 姓 名______ 成 绩______

1. 圈出下列正确标注的表面结构要求。

（1）

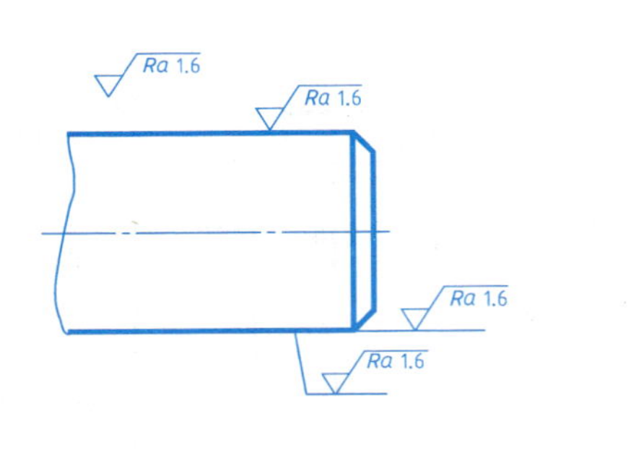

（2）

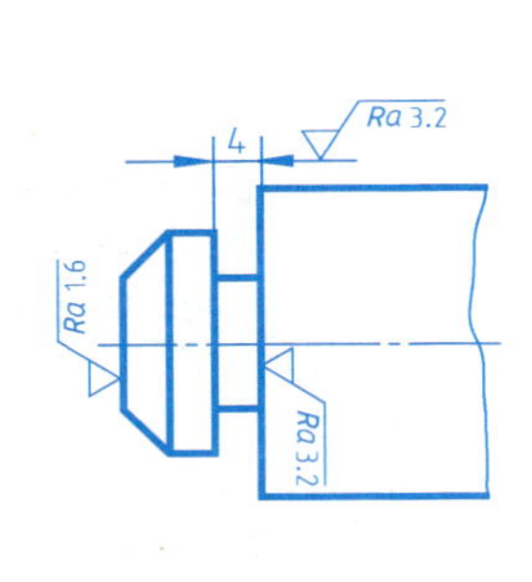

（3）

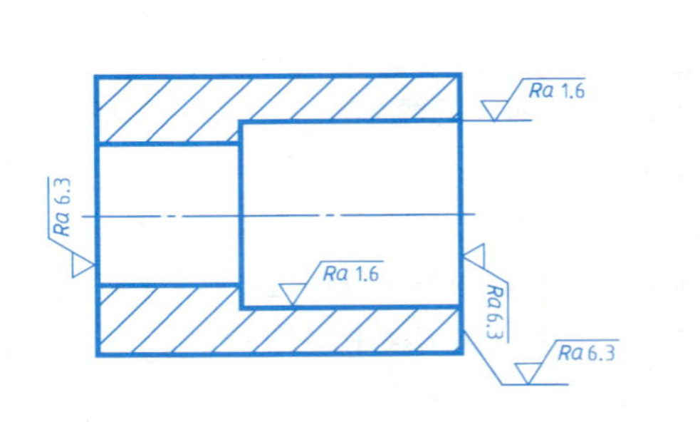

2. 按要求标注表面结构要求。

（1）左、右侧面的 *Ra* 值为 3.2μm，上、下侧面的 *Ra* 值为 6.3μm，孔的 *Ra* 值为 1.6μm。

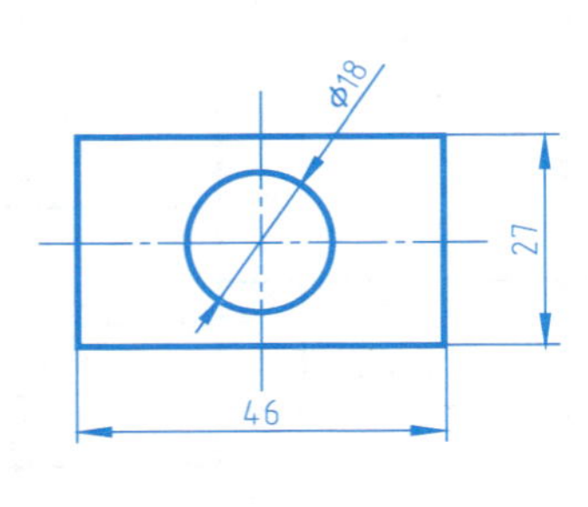

（2）要求孔和底面的 *Ra* 值为 3.2μm，其余表面为铸造表面。

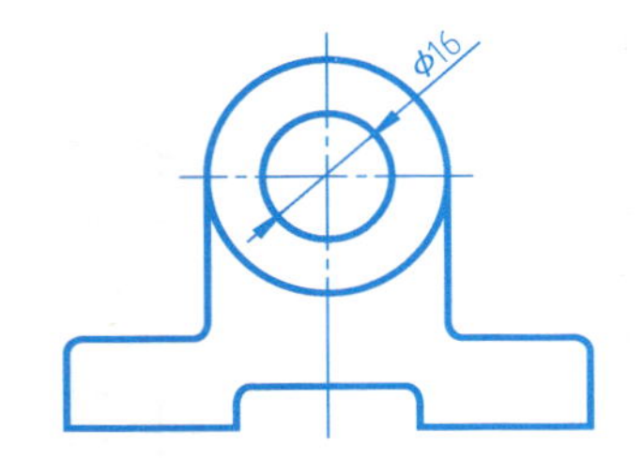

（3）左、右端面 *Ra* 值为 1.6μm，ϕ10mm 圆孔表面 *Ra* 值为 0.4μm，ϕ30mm 圆柱表面 *Ra* 值为 3.2μm，锥面 *Ra* 值为 0.8μm，其余 *Ra* 值为 6.3μm。

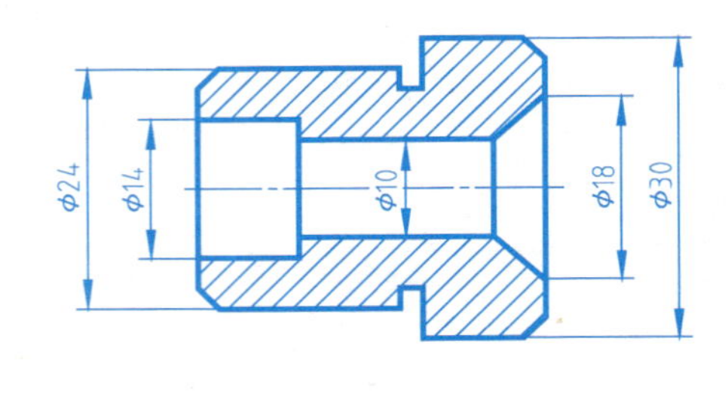

　　　　班　级______　学　号______　姓　名______　成　绩______

找出图中零件尺寸标注错误或者不合理的地方，在下方图中将正确的标注出来。

(1)

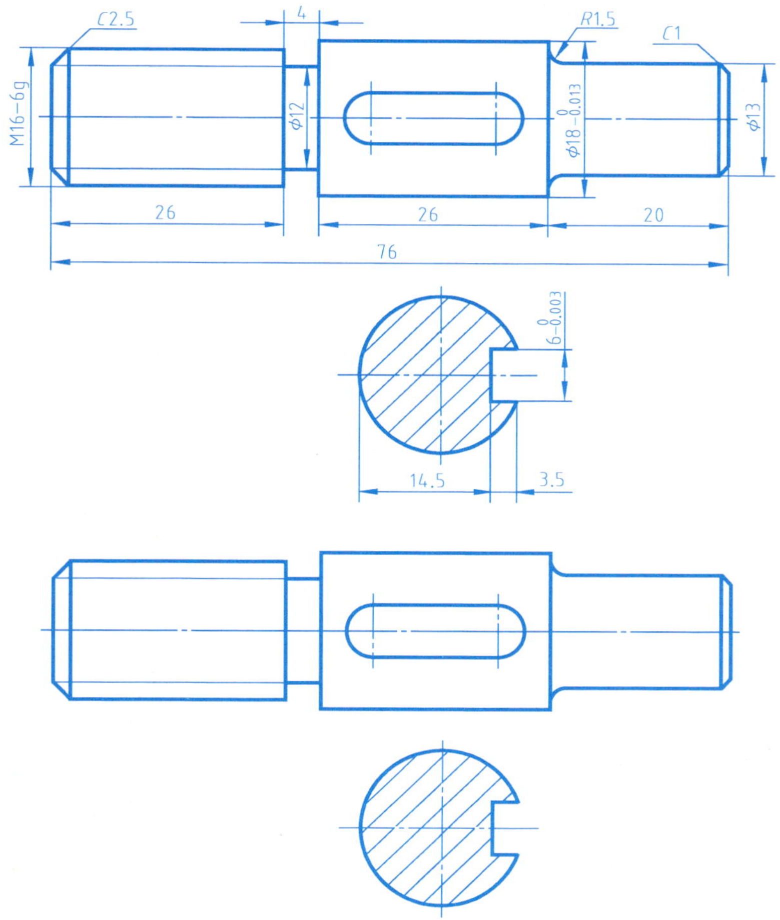

(2)

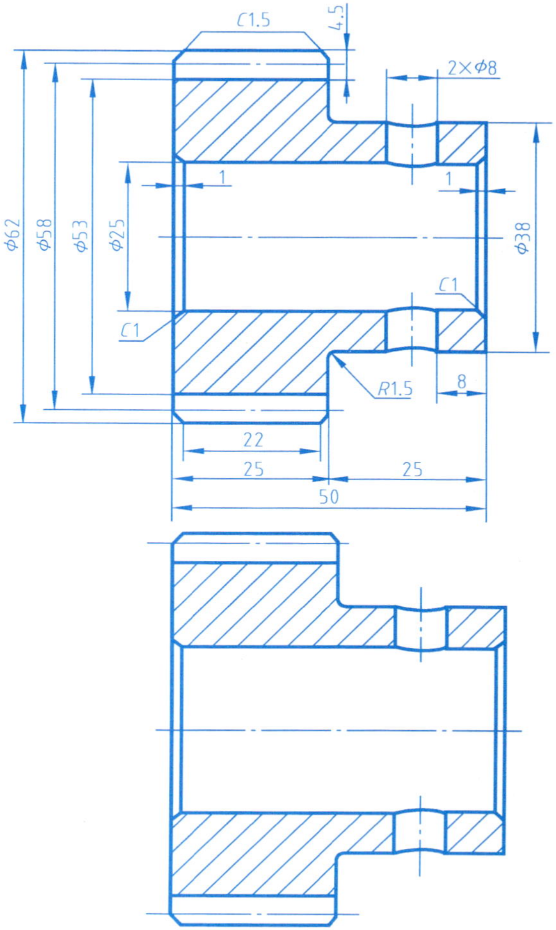

三、轮盘零件表达

班　级______　学　号______　姓　名______　成　绩______

选用合适的表达方法绘制下列轮盘类零件。

(1) 孔均为单一通孔，肋板和小孔均布。尺寸自定。

(2) 中间为阶梯通孔，两个小孔直径不同，且不对称分布，为通孔。尺寸自定。

任务 4.6 识读和绘制支架零件图

一、表达方法：局部视图和斜视图

班 级______ 学 号______ 姓 名______ 成 绩______

1. 画出 *A* 向局部视图。

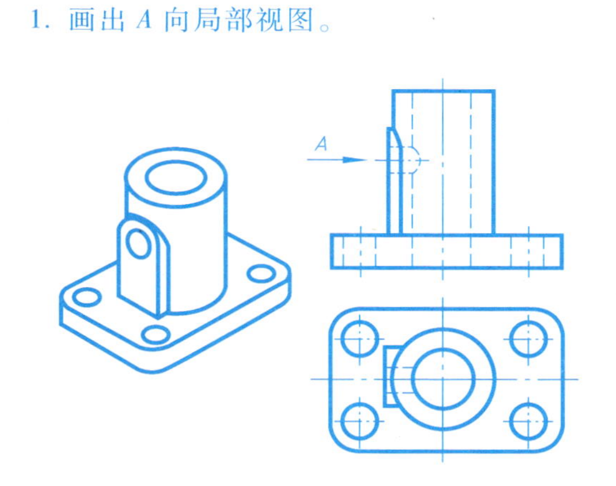

2. 根据零件的视图及轴测图，画出 *A* 向斜视图。

3. 根据所给视图和轴测图，画出 *A* 向斜视图。

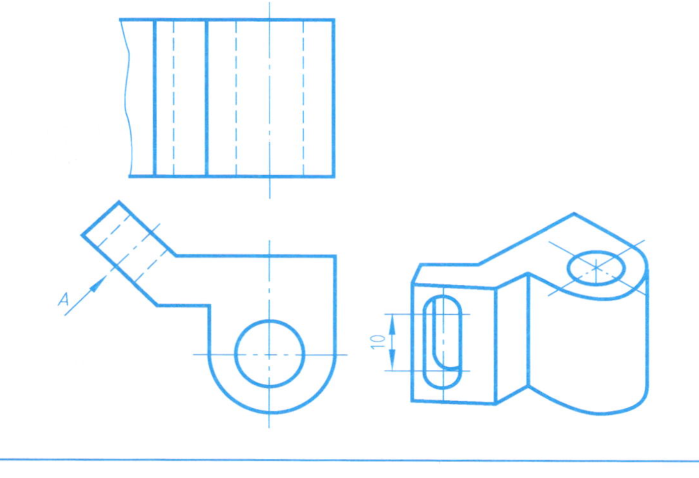

4. 根据视图，画出斜视图 *A*、局部视图 *C*。

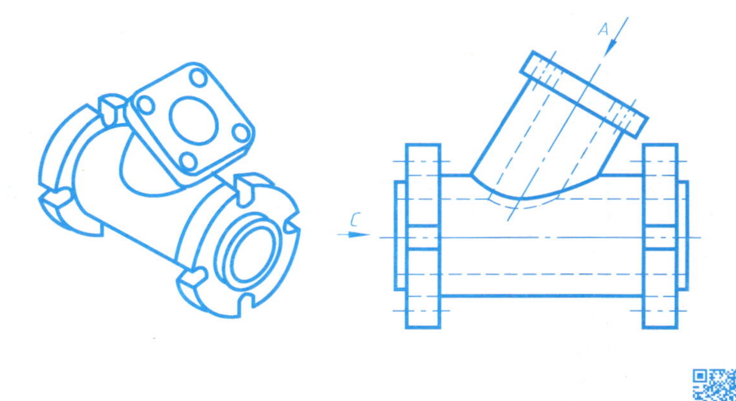

班 级______ 学 号______ 姓 名______ 成 绩______

用斜剖的方式绘制出全剖视图。

(1)

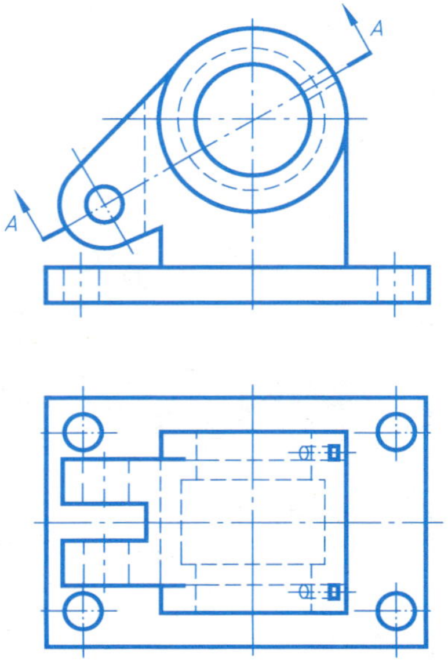

A

A

(2)

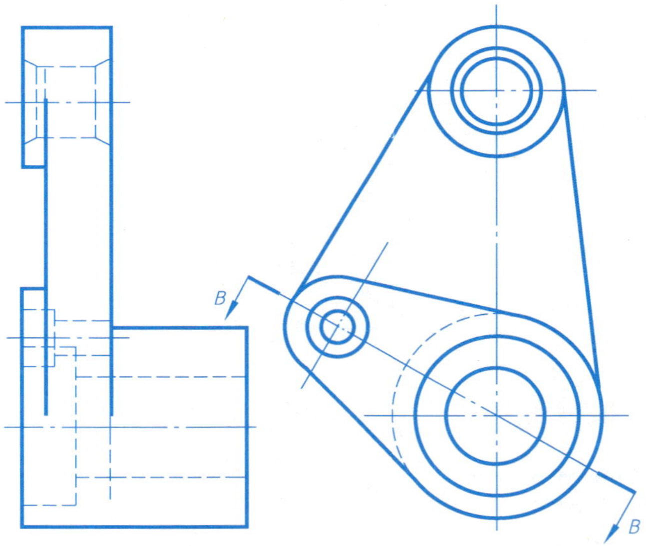

B

B

1. 根据图中标注的公称尺寸和配合代号，说明其意义，查表并分别在相应的零件图上标注出公称尺寸和极限偏差。

（1）“$\phi36$”是轴与套的________尺寸；“H6”表示________的________代号，其中“H”为________，“6”为________；“s5”表示________的________代号，其中“s”为________，“5”为________。

（2）此配合的配合基准制是基________制，配合种类为________。

2. 解释图中配合代号的含义，查出极限偏差值并标注在零件图上。

（1）齿轮和轴的配合尺寸 $\phi14\frac{H7}{f6}$ 中，“H7”为________，“H”为________，“7”为________，“f6”为________，它们是基________制________配合。

（2）圆柱销和销孔配合尺寸 $\phi5\frac{K7}{h6}$ 中，孔的基本偏差代号为________，公差等级为________级，轴的公差带代号为________，公差等级为________级，它们是基________制________配合。

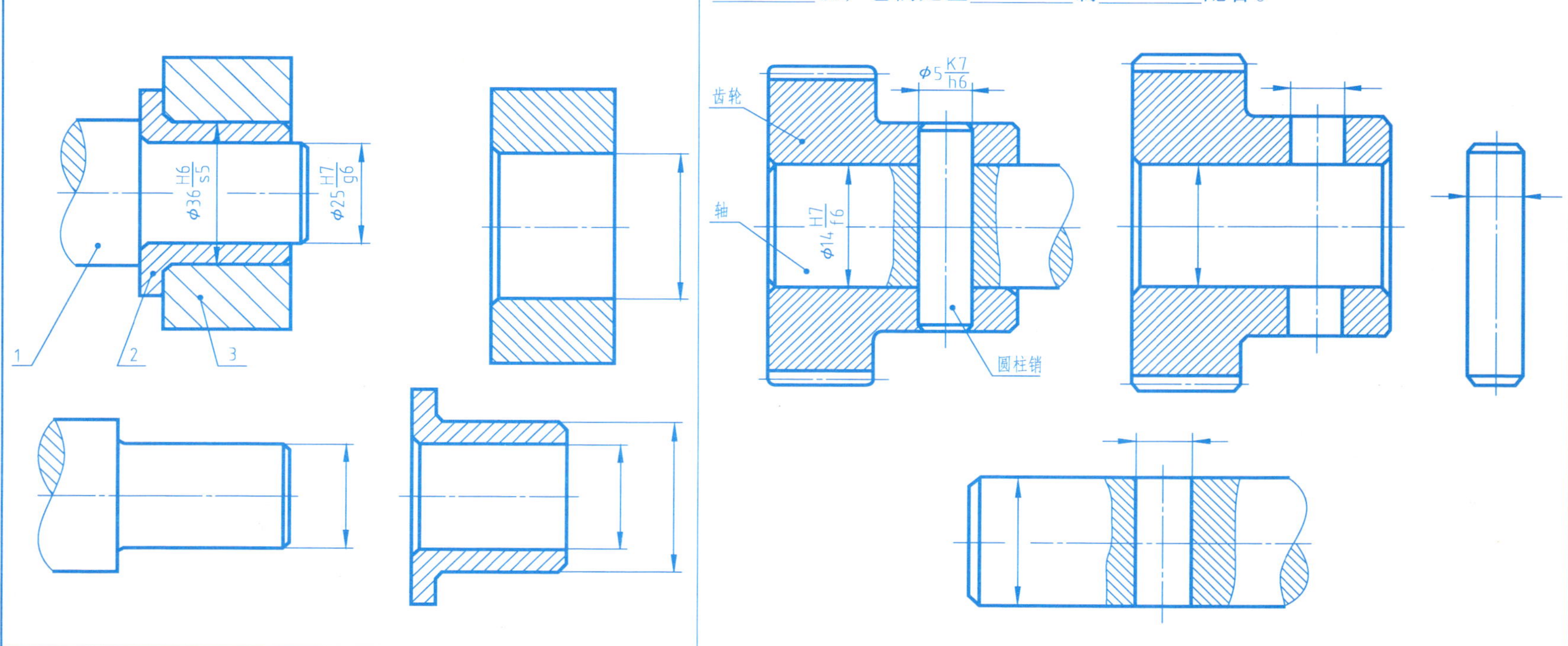

四、识读拨叉零件图

班级________ 学号________ 姓名________ 成绩________

（1）该零件名称为________，材料为________，绘图比例为________，是________（原值、放大、缩小）比例。

（2）该零件共用了________个图形来表达形体结构，其中 *A*—*A* 为________表达方法，*B* 向旋转为________图。

（3）ϕ4mm 圆孔的定位尺寸是________，该孔的表面粗糙度要求为________。

（4）图中有________处倒角，尺寸是________。

（5）肋板的厚度为 5mm，端面转折处圆角为 *R*1.5mm，在所指位置绘制肋板的断面图。

（6）在图上用指引线标出长、宽、高三个方向的尺寸基准。

（7）$\phi 18^{+0.019}_{0}$mm 孔的上极限尺寸为________，下极限尺寸为________，公差为________。

（8）该零件表面结构要求最高的面是________，其 *Ra* 值为________。

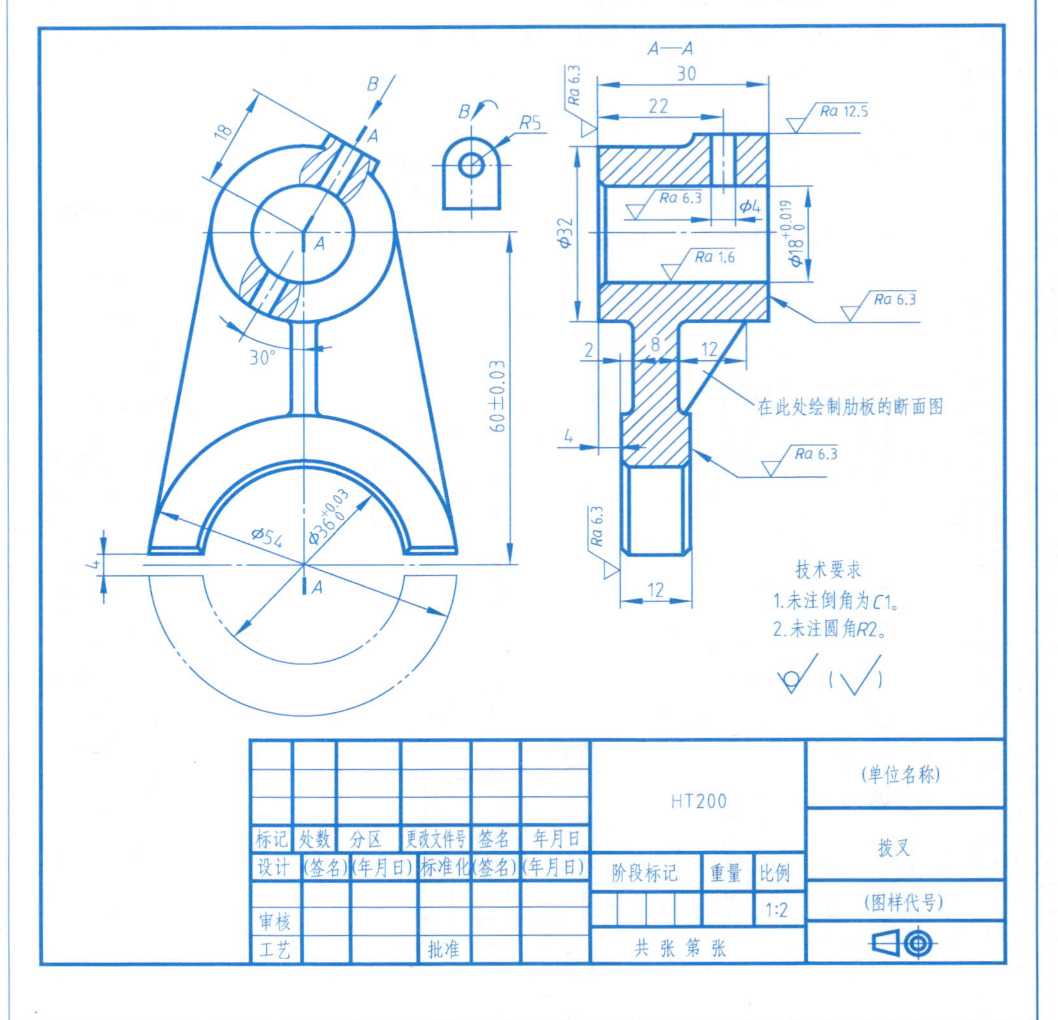

五、叉架类零件表达

班　级______　学　号______　姓　名______　成　绩______

选用合适的表达方法绘制下列零件。

（1）通孔，尺寸自定。

（2）均为通孔，尺寸自定。

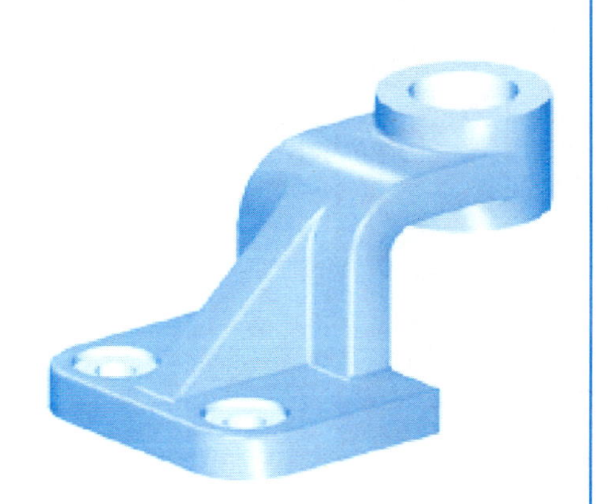

任务 4.7　识读泵体零件图

一、识读泵体零件图

班　级________　学　号________　姓　名________　成　绩________

（1）图中零件用了________个视图表达，主视图表达方法为________，采用这种表达方法是为了表达清楚________。左视图为________表达方法，俯视图表达方法是________。

（2）该零件从上往下分别钻孔的直径是________。其中孔________、________和右下 ϕ14H7 三个孔相通。

（3）$\dfrac{2\times\phi 7}{\sqcup\ \phi 10}$ 中 2×ϕ7mm 表示________，⌴表示________，ϕ10mm 表示________，其深度为________。

（4）该零件的加工方法为铸造，需要有的加工工艺结构有________。零件右侧 ϕ22mm 圆柱凸台作用是________；零件底面 ϕ30mm 凹槽作用是________。

（5）查表得出尺寸 ϕ14H7 的上极限偏差为________，下极限偏差为________，公差为________。

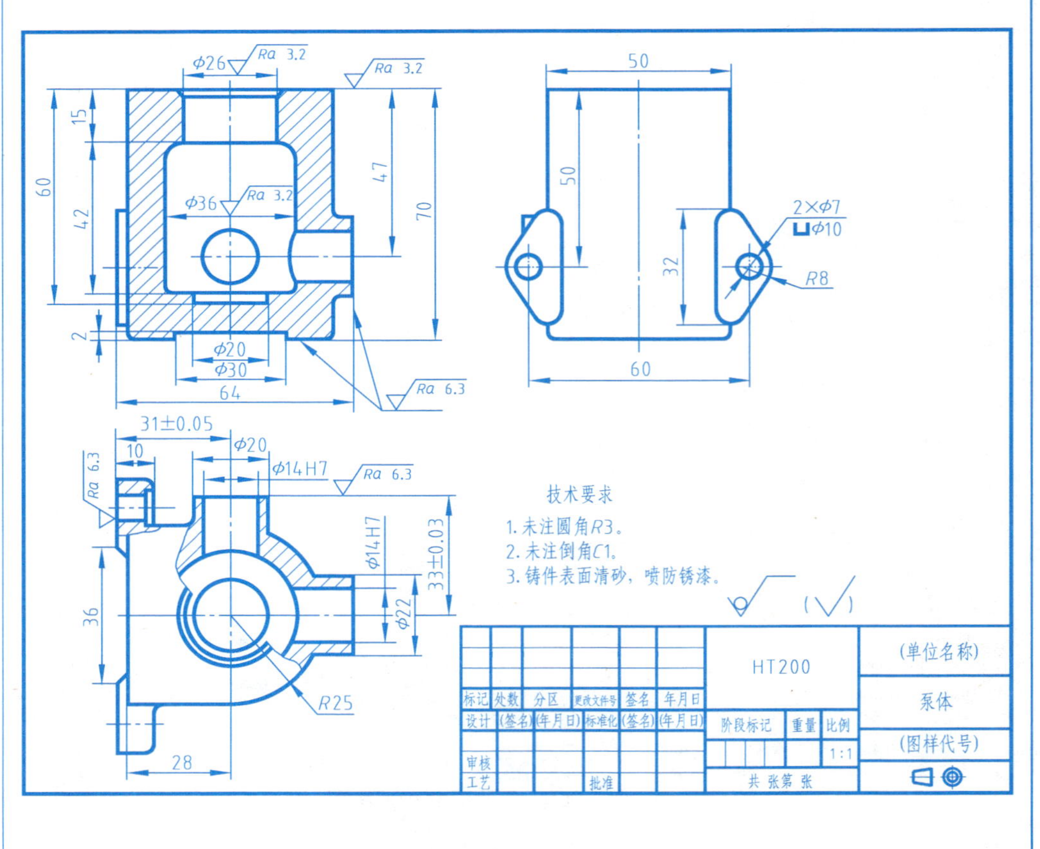

二、箱体类零件工艺结构

班　级______　　学　号______　　姓　名______　　成　绩______

根据左图，补画右图零件表面上的过渡线。

（1）

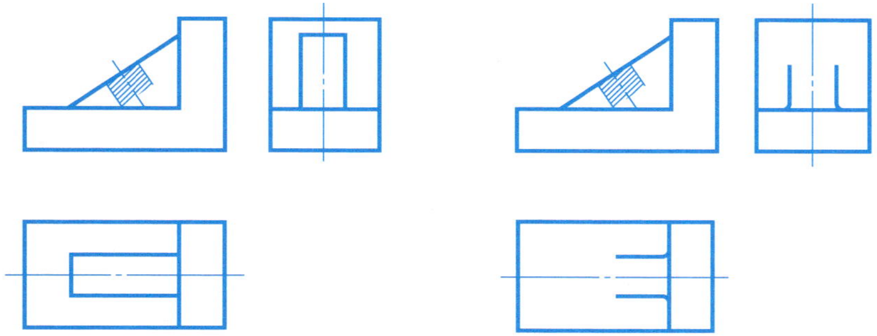

（2）

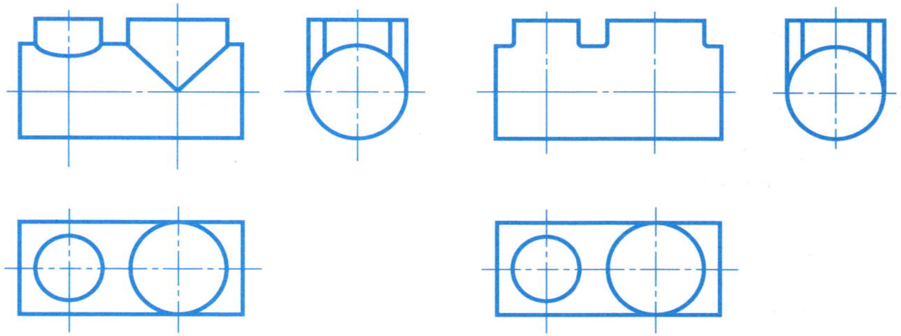

（3）

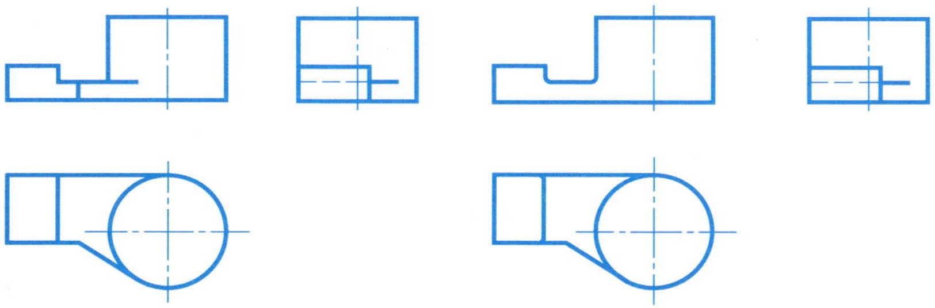

（4）

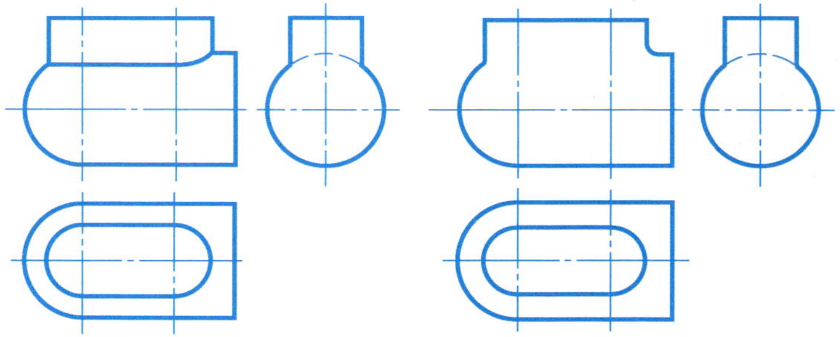

三、识读涡轮箱零件图

班 级______ 学 号______ 姓 名______ 成 绩______

（1）零件名称为________，材料为________，绘图比例为________，是________（原值、放大、缩小）比例。

（2）试说出各个视图的表达方法：主视图为__________，左视图为__________，*A—A* 视图为________。

（3）尺寸 $\frac{2\times\phi14}{⌴\ \phi26}$ 表示有________个直径为________的孔，⌴表示________。这种孔的定位尺寸是________mm 和________mm。

（4）请指出零件图中长、宽、高的尺寸基准。

（5）圈出图中 5 个定形尺寸，用矩形框出图中 5 个定位尺寸。用三角形框出零件的总体尺寸。

（6）零件底部有长 98mm，高 4mm 的槽，设计其结构的作用是________________。槽表面和零件底座表面相比较，________要求更光滑，原因是________________。

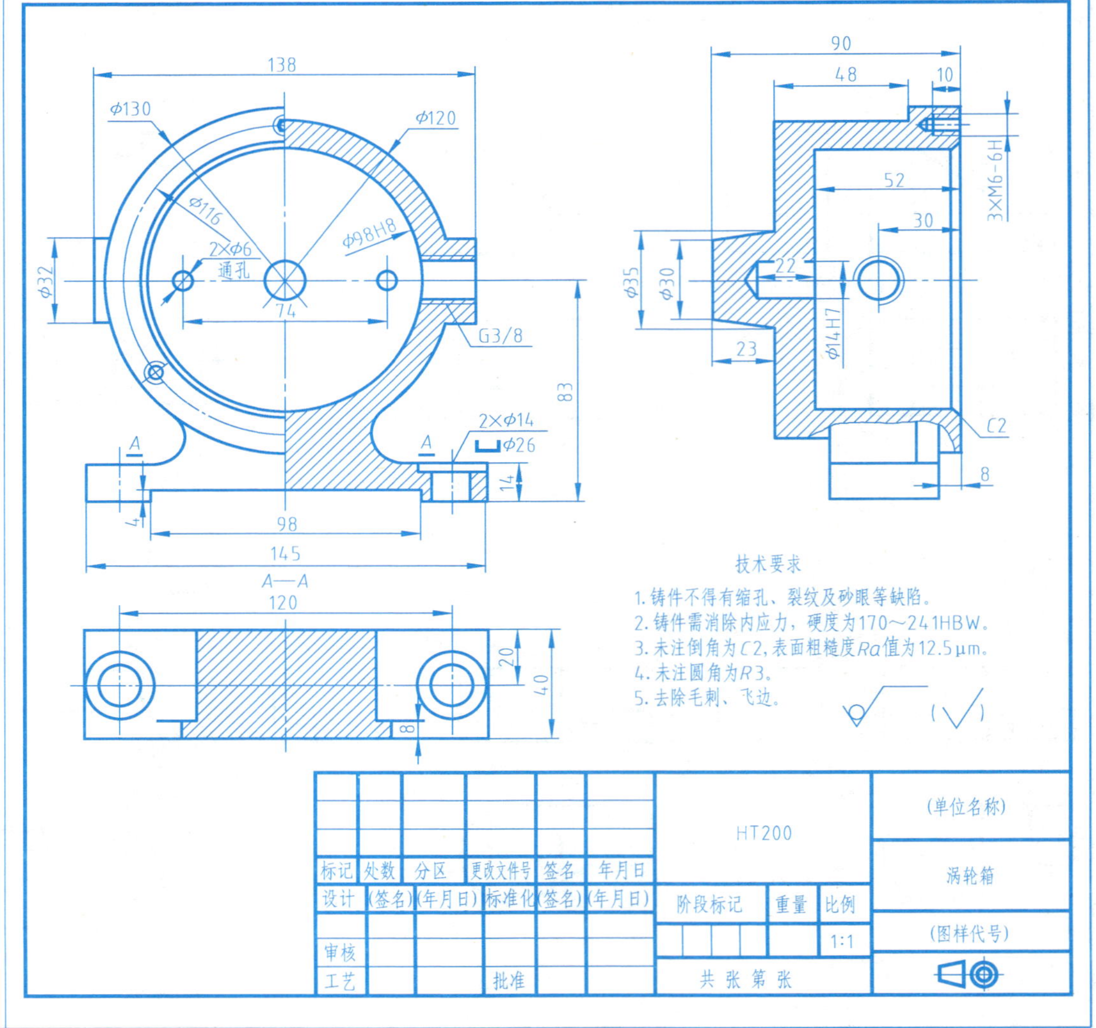

任务 4.8　绘制电机安装座零件图

班　级______　学　号______　姓　名______　成　绩______

练 习 指 导

1. 作业名称及内容

图名：箱体。材料：HT150。数量：50 件

内容：根据零件的轴测图绘制零件图，自定比例和图幅。

2. 作业目的及要求

（1）学会运用恰当的表达方法完整、清晰地表示零件的内外结构形状。

（2）参考轴测图中的尺寸，学会在齐全、清晰的基础上合理地标注尺寸和技术要求。

3. 技术要求

（1）ϕ78mm 孔的上偏差为+0.025mm，下偏差为 0mm，表面粗糙度 Ra 值为 6.3μm。

（2）ϕ78mm 孔的圆度公差为 0.02mm，顶面相对于底面的平行度公差为 0.03mm。

（3）箱体顶面、底面和其他孔的表面粗糙度 Ra 值为 12.5μm，其余为毛坯面。

（4）箱体表面硬度为 220HBW，时效处理，外边缘锐边倒圆角 $R1 \sim R3$mm。

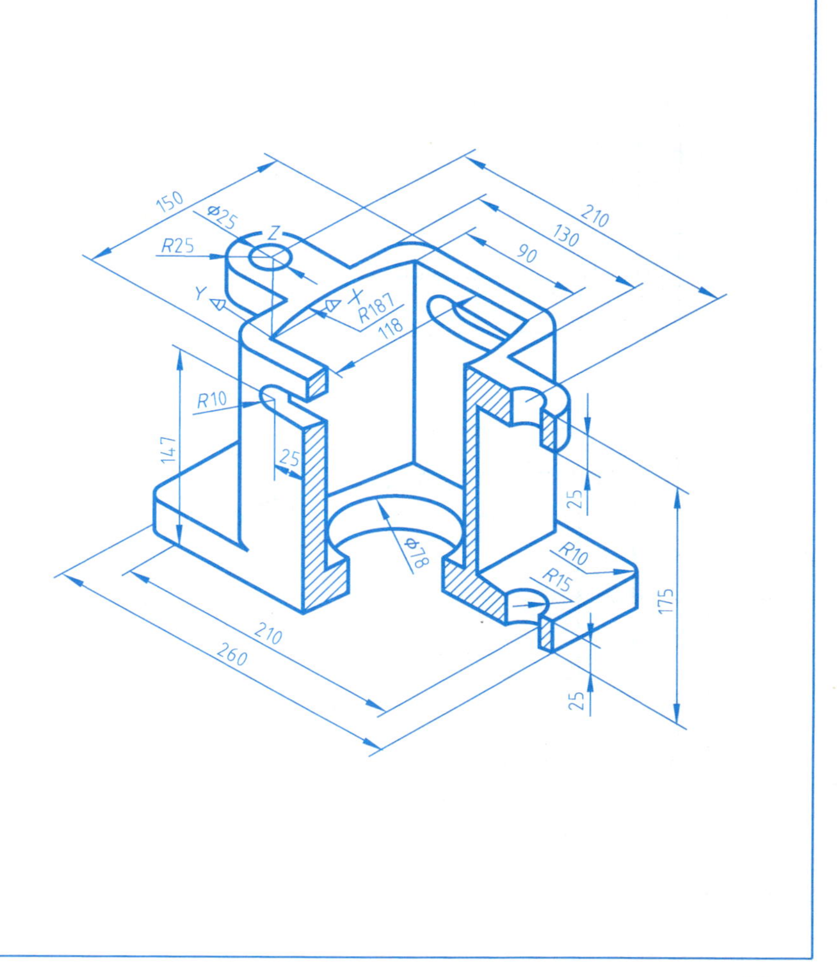

任务 4.9　使用 AutoCAD 绘制拨叉零件图

一、绘制剖视图

班　级＿＿＿＿　学　号＿＿＿＿　姓　名＿＿＿＿　成　绩＿＿＿＿

（1）抄画主视图和俯视图，补画 *B—B* 剖视图。

（2）抄画剖视图，将缺少的图线补全。

1. 使用 AutoCAD 绘制轴零件图。

技术要求

1. 调质220～250HBW。
2. 未注圆角R1.5。

标记	处数	分区	更改文件号	签名	年月日	45		(单位名称)
设计	(签名)	(年月日)	标准化	(签名)	(年月日)	阶段标记	重量	比例	轴
审核								1:1	(图样代号)
工艺			批准			共 张 第 张			

2. 使用 AutoCAD 绘制端盖零件图。

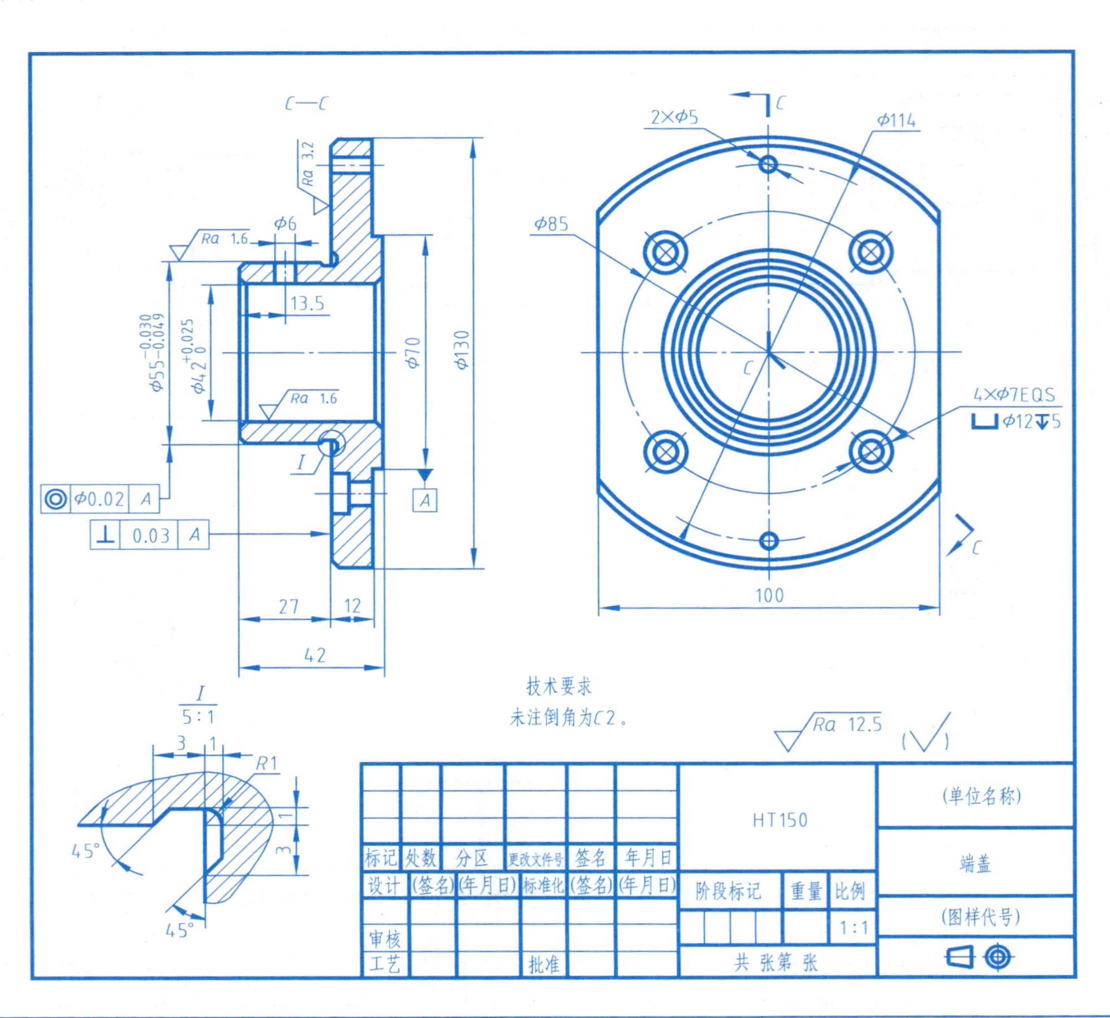

项目5　识读和绘制标准件常用件

任务5.1　绘制螺纹轴零件图

一、螺纹标记和查表

班　级______　学　号______　姓　名______　成　绩______

1. 根据解释，用规定的符号来标记螺纹。

（1）普通粗牙外螺纹，公称直径为24mm，左旋，中径公差带为5g，顶径公差带为6g，中等旋合长度。

标记为：______________________________。

（2）普通细牙内螺纹，公称直径为30mm，螺距为1mm，右旋，中径和顶径公差带均为6G，短旋合长度。

标记为：______________________________。

（3）非螺纹密封管螺纹，尺寸代号3/8，公差等级为A。

标记为：______________________________。

（4）梯形螺纹，公称直径为32mm，螺距为3mm，导程为6mm，右旋，中径公差带代号7e，旋合长度等级为长。

标记为：______________________________。

2. 根据螺纹标记查表，填写下表。

	M36-7H	M20×1-5g6g-L-LH	Tr10×4（P2）-7e	G1/2
螺纹种类				
内/外螺纹				
公称直径				
大径				
小径				
螺距				
旋向				
公差带代号				/
旋合长度				/

二、单个螺纹画法

班　级＿＿＿＿　学　号＿＿＿＿　姓　名＿＿＿＿　成　绩＿＿＿＿

指出下列螺纹及螺纹连接画法中的错误，并将正确的画在指定位置。

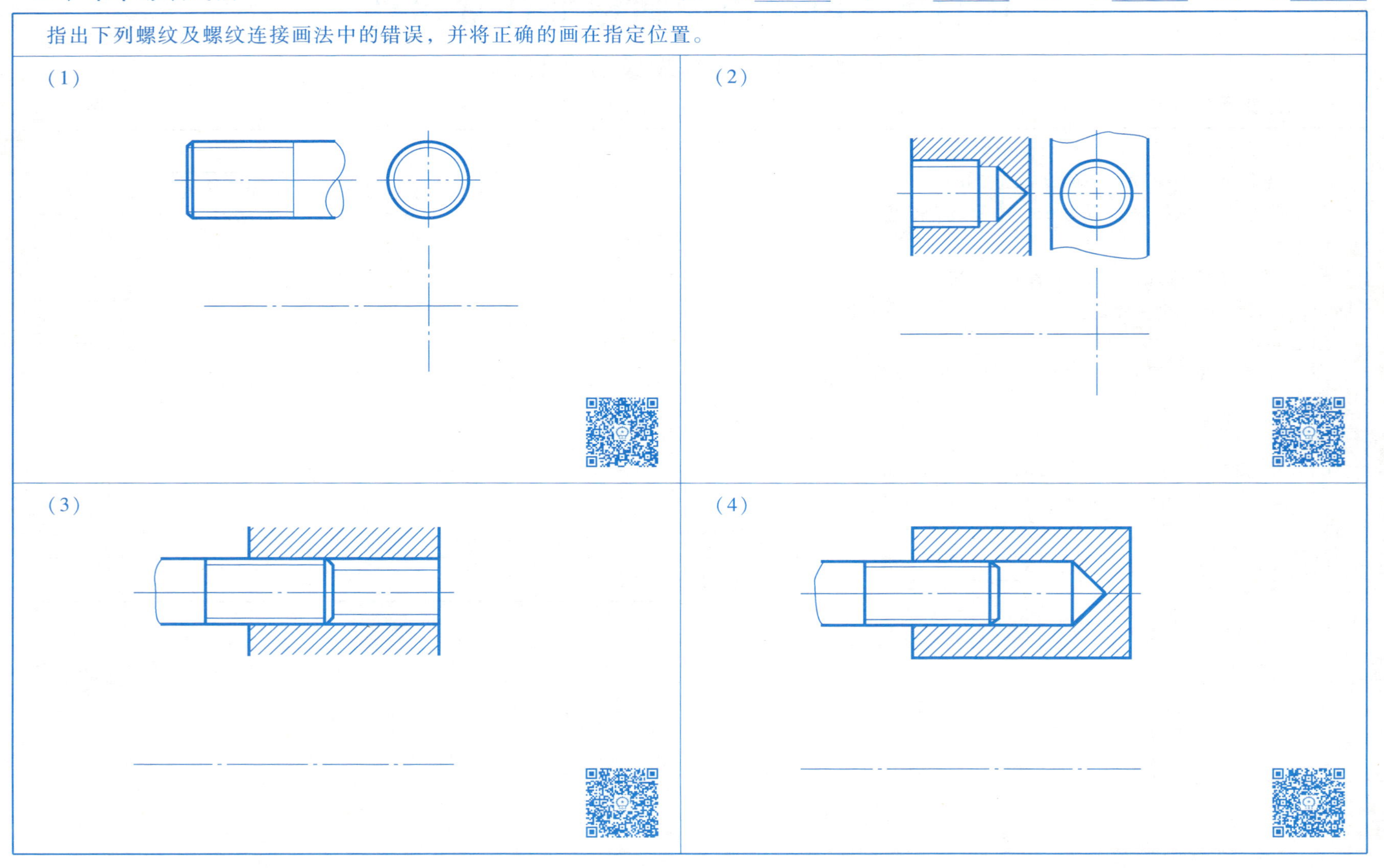

三、螺纹标注

班级______ 学号______ 姓名______ 成绩______

改正下面螺纹标注的错误。

(1)

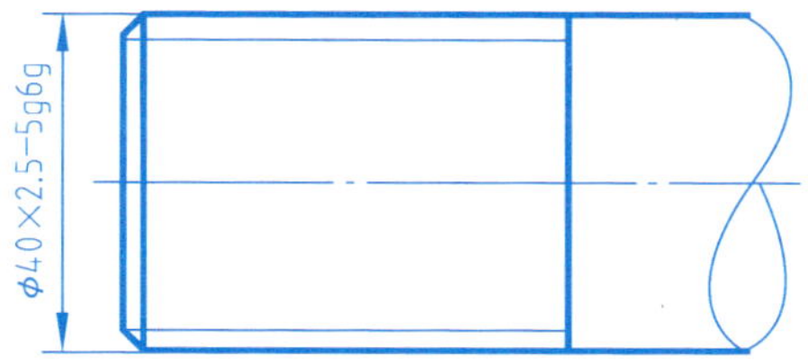

φ40×2.5-5g6g

(2)

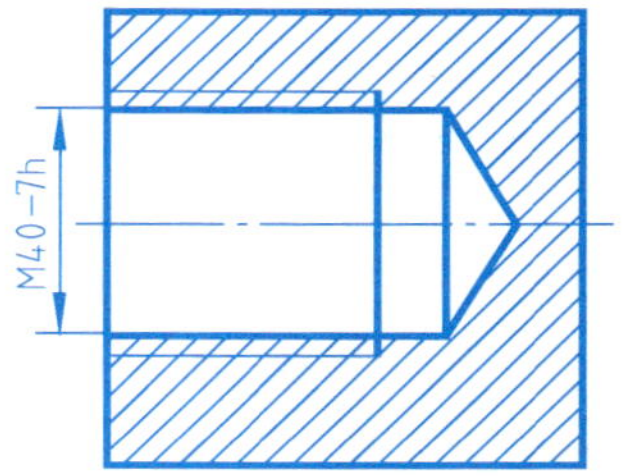

M40-7h

(3)

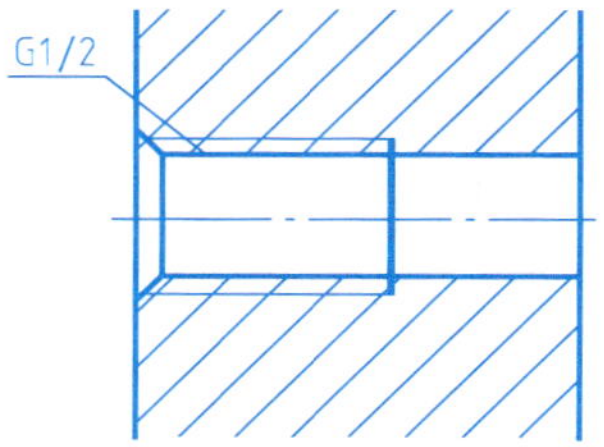

G1/2

(4)

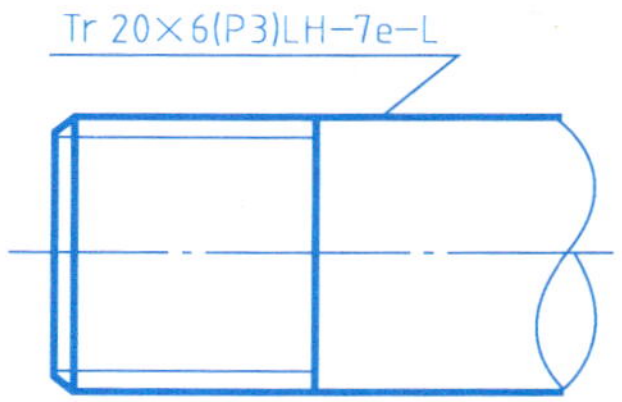

Tr 20×6(P3)LH-7e-L

任务 5.2 认识和绘制螺纹标准件连接图

一、螺纹标准件的标记

班 级______ 学 号______ 姓 名______ 成 绩______

（1）六角头螺栓，A 级。

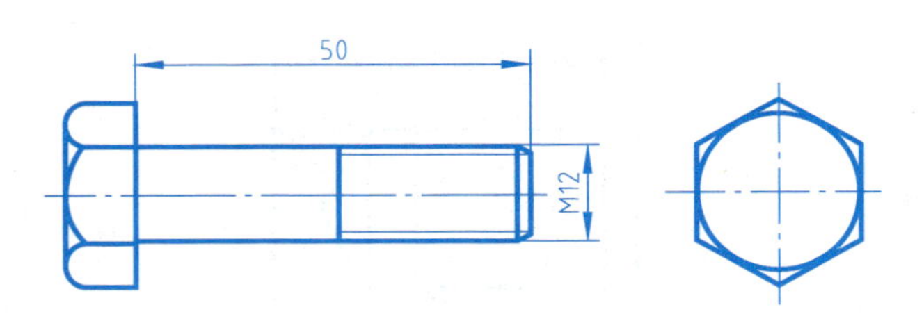

标记：________________________________

（2）平垫圈 A 级，公称尺寸 12mm。

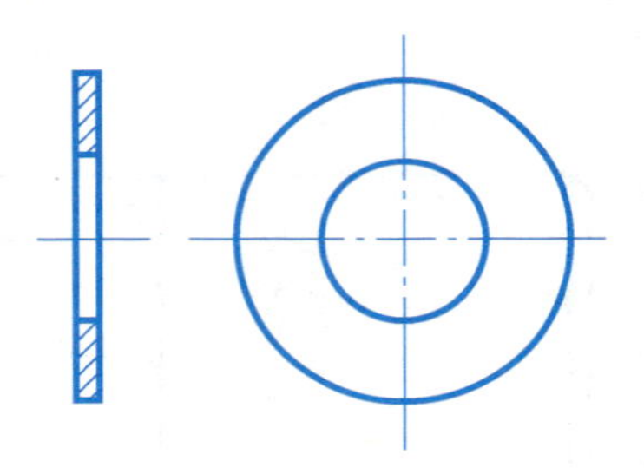

标记：________________________________

（3）Ⅱ型六角螺母，B 级。

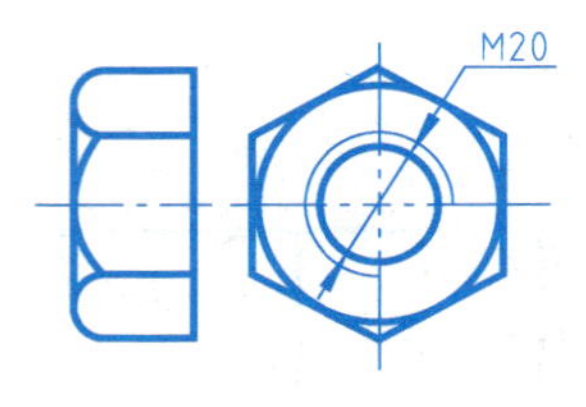

标记：________________________________

（4）双头螺柱（GB/T 897—1988），B 型。

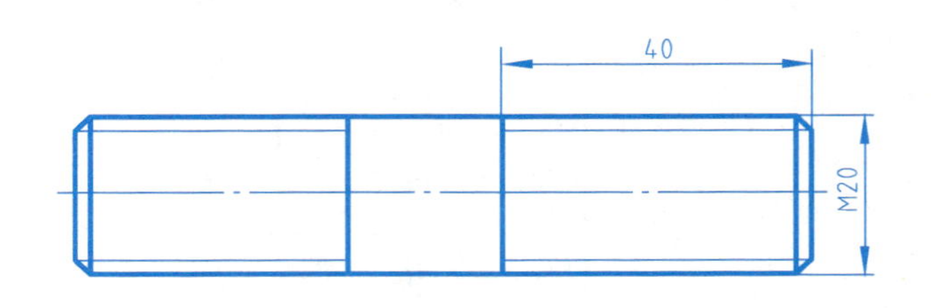

标记：________________________________

1. 指出下图中螺栓连接画法的错误之处，并将正确的画在右侧空白处。

已知参数：螺栓 M10，被连接件厚度 $b_1=10\text{mm}$，$b_2=15\text{mm}$。

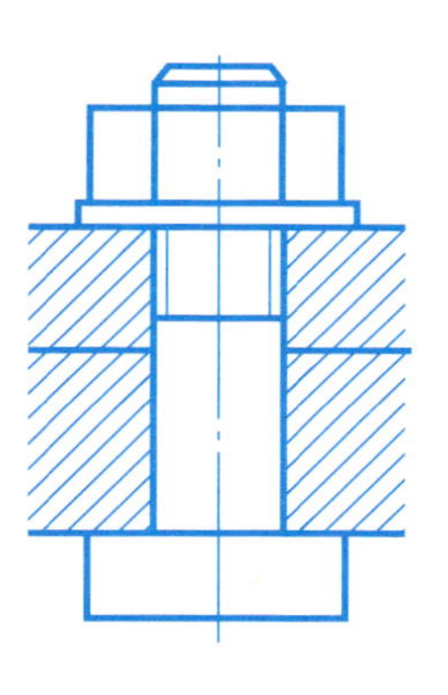

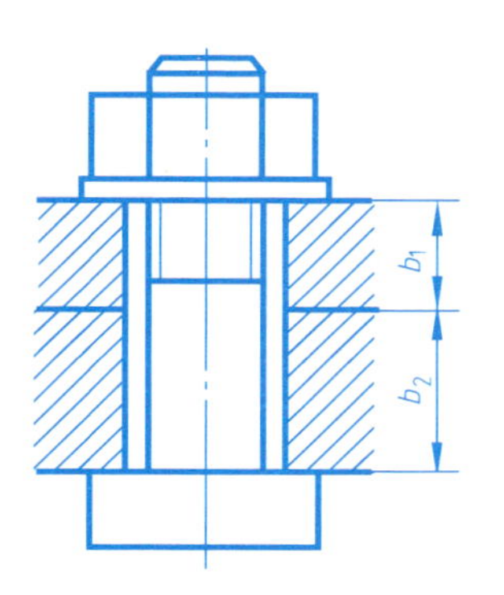

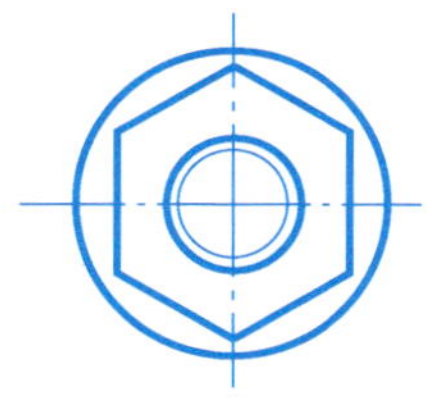

2. 指出下图中双头螺柱连接画法的错误之处，并将正确的画在右侧空白处。

已知参数：双头螺柱 M10，被连接件厚度 $b_1=10\text{mm}$，$b_2=30\text{mm}$，被连接件宽度为 30mm。

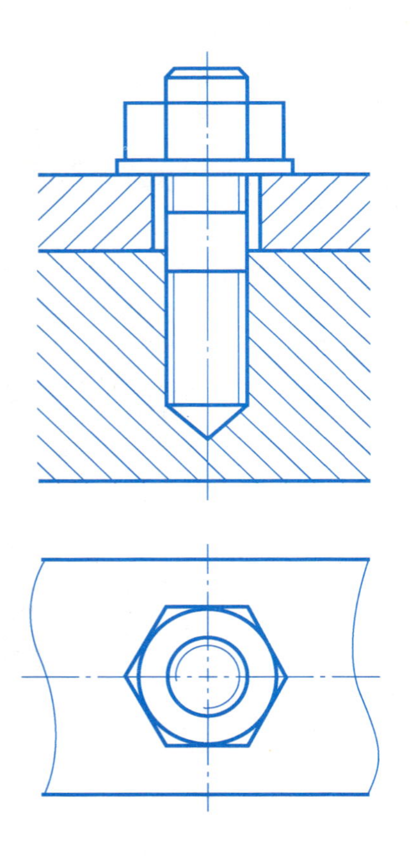

3. 指出下图中螺钉连接画法的错误之处，并将正确的画在右侧空白处。

已知参数：螺钉 M10，被连接件厚度 $b_1=10\text{mm}$，$b_2=30\text{mm}$，被连接件宽度为 30mm。

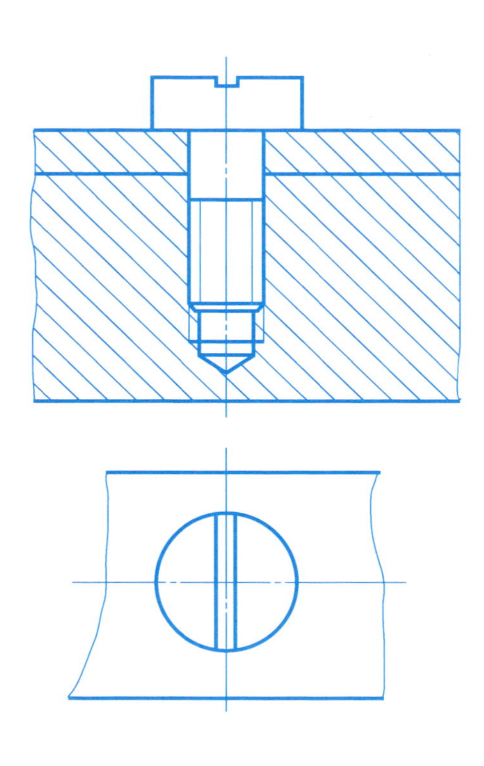

三、螺纹轴零件表达

班 级______ 学 号______ 姓 名______ 成 绩______

采用合适的表达方法绘制主动轴零件。

要求：

（1）轴各段圆柱直径分别为 ϕ18mm、ϕ16mm、ϕ24mm、ϕ16mm、ϕ20mm、ϕ18mm、ϕ14mm，长度分别为 20mm、2mm、30mm、2mm、50mm、20mm、16mm；螺纹 M14，长度 12mm。

（2）左边键槽长 22mm，宽 8mm，深 4mm，距离 ϕ24mm 圆柱左端面 4mm；右边键槽长 14mm，宽 6mm，深 3.5mm，距离右边 ϕ18mm、右端面 3mm。

（3）工艺结构：两端倒角 C2mm，两个退刀槽均为 2mm×ϕ16mm。

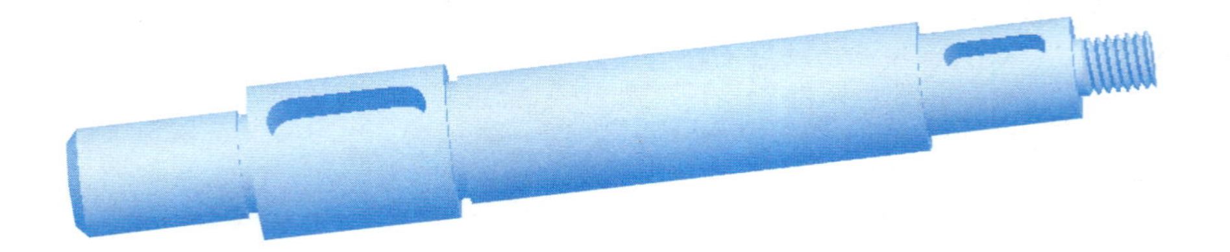

任务 5.3　识读和绘制键连接图

一、键槽尺寸查表和绘制

班　级______　学　号______　姓　名______　成　绩______

1. 已知轴和孔的直径为 50mm，查表并且标注尺寸。

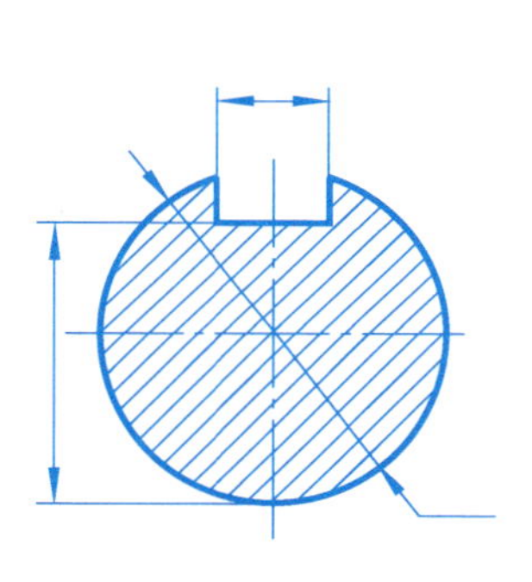

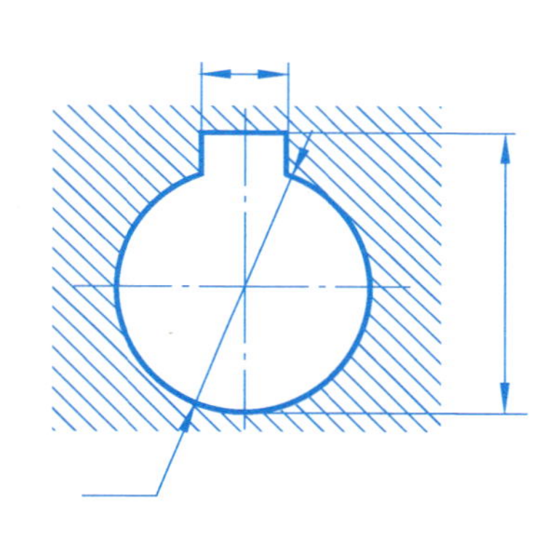

2. 查表并画出轴上的键槽和配套的孔键槽。

（1）在直径 ϕ30mm 的一段中间位置设计一个 A 型普通键槽，将该键槽正确表达出来。

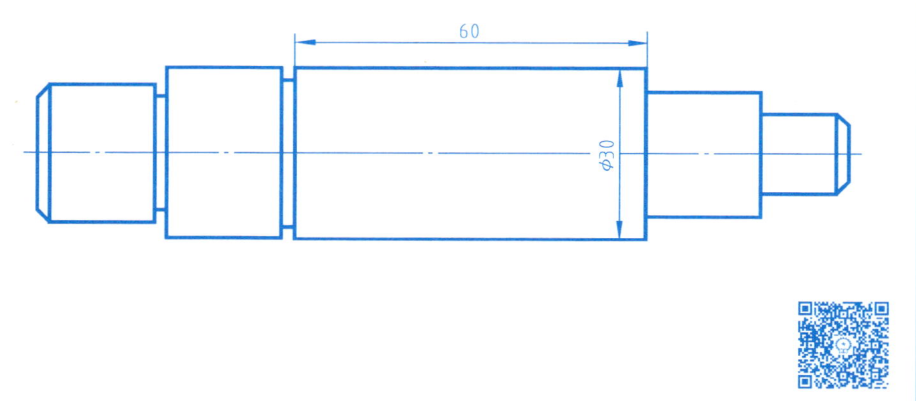

（2）在空白处绘制出与题（1）中键槽配套的孔键槽（孔板厚度自定）。

二、绘制键连接图

班 级______ 学 号______ 姓 名______ 成 绩______

1. 找出下图中键连接画法中的错误，并在下方空白处改正。

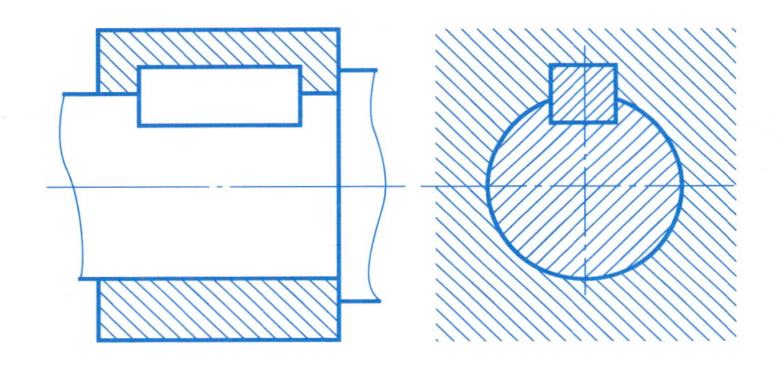

2. 量出图中轴径，查表选择合适的 A 型普通平键，将轴与孔进行连接，完成连接图。

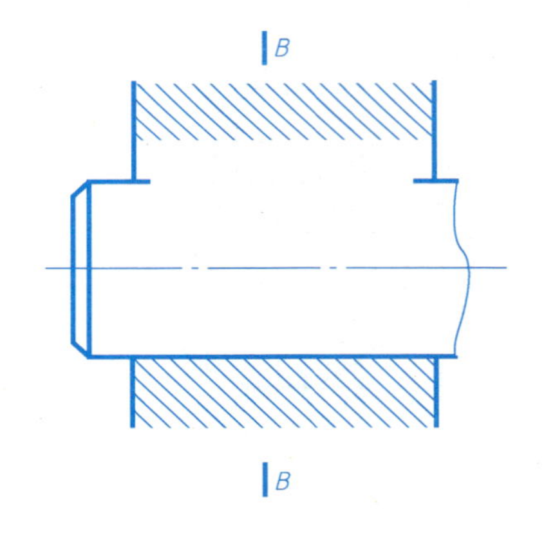

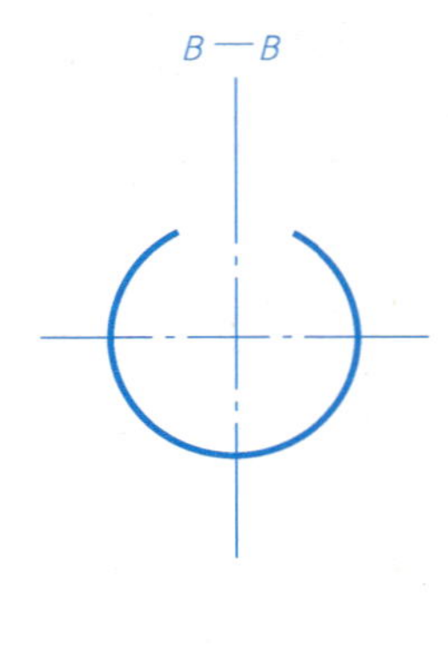

补画视图，并标注尺寸。

（1）根据空白处尺寸，查表选择合适的圆柱销钉，补画出轴和轴套上的销钉孔，并标注出销钉孔的尺寸。

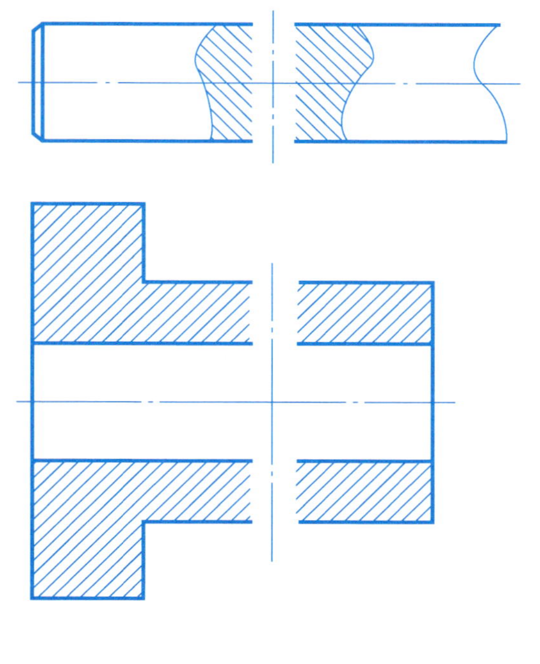

（2）用选择的圆柱销将题（1）图中的轴和轴套连接，并按规定在图中标注出销钉。

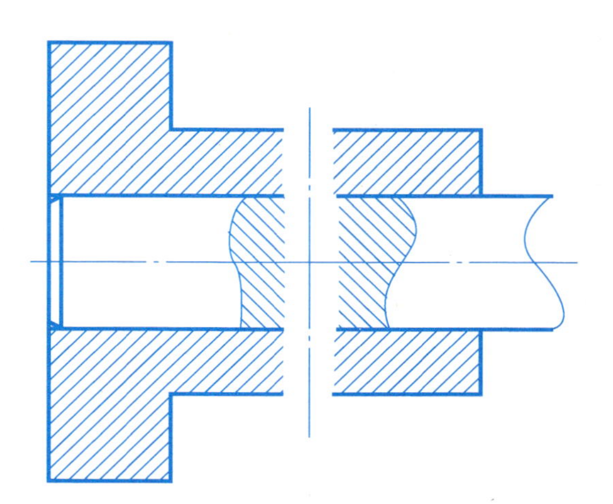

任务 5.4　识读和绘制滚动轴承连接图

一、滚动轴承

班　级______　学　号______　姓　名______　成　绩______

滚动轴承的代号查表及规定画法。

(1)　　滚动轴承 6205 GB/T 276—2013

名称及代号	尺寸系列代号	内径 d/mm	外径 D/mm	宽度 B/mm

滚动轴承 6202 GB/T 276—2013

名称及代号	尺寸系列代号	内径 d/mm	外径 D/mm	宽度 B/mm

滚动轴承 30307 GB/T 297—2015

名称及代号	尺寸系列代号	内径 d/mm	外径 D/mm	宽度 B/mm

滚动轴承 51211 GB/T 301—2015

名称及代号	尺寸系列代号	内径 d/mm	外径 D/mm	宽度 B/mm

(2) 根据轴的直径用规定画法在下列图左边轴端画出深沟球轴承与轴的装配图，并写出规定标记。

$\phi 25$

二、滚动轴承连接图

班 级______ 学 号______ 姓 名______ 成 绩______

下图为某部件中的一条装配线，轴的支撑点为两个深沟球轴承：齿轮与轴由键和销连接，键起传递动力作用，销也可传递动力，但这里的主要作用是实现齿轮的轴向定位。试结合图上尺寸，确定轴承、键、销的型号及规格，用规定标记标注。

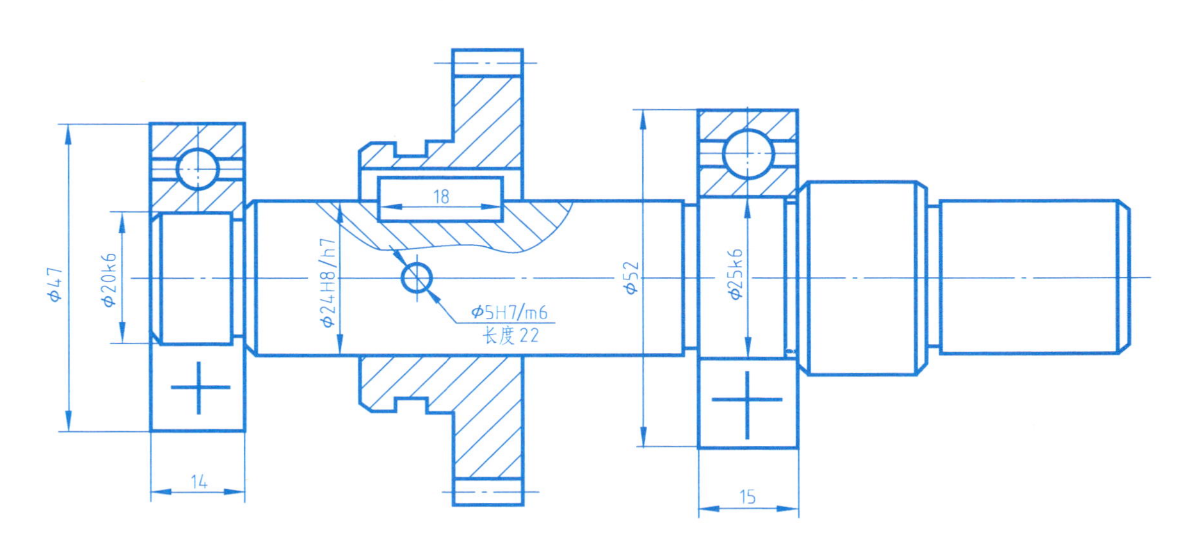

左端滚动轴承：______________________________

右端滚动轴承：______________________________

键：______________________________

销：______________________________

三、弹簧

班　级______　学　号______　姓　名______　成　绩______

已知圆柱螺旋压缩弹簧的簧丝直径 $d=5\text{mm}$，弹簧外径 $D=42\text{mm}$，节距 $t=10\text{mm}$，有效圈数 $n=6$，支撑圈数 $n_2=2.5$，画出弹簧的剖视图。

任务 5.5　识读和绘制齿轮啮合图

一、单个圆柱齿轮的画法

班　级______　学　号______　姓　名______　成　绩______

1. 单个齿轮的画法和尺寸标注改错。

（1）请指出下列齿轮画法中的错误，并用文字说明。

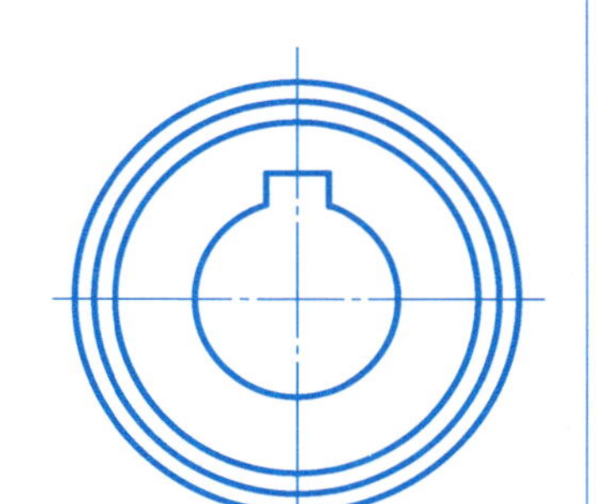

错误 1：________________________________

____

错误 2：________________________________

____

（2）请指出下列齿轮画法中的错误，并用文字说明。

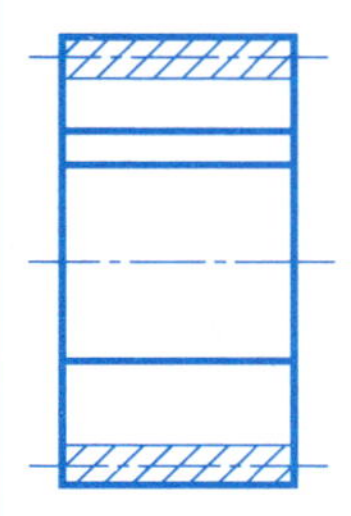

错误 1：________________________________

____

错误 2：________________________________

____

（3）请指出下列齿轮零件图中尺寸标注的错误。

模数	$m=3$
齿数	$z=25$
压力角	$\alpha=20°$

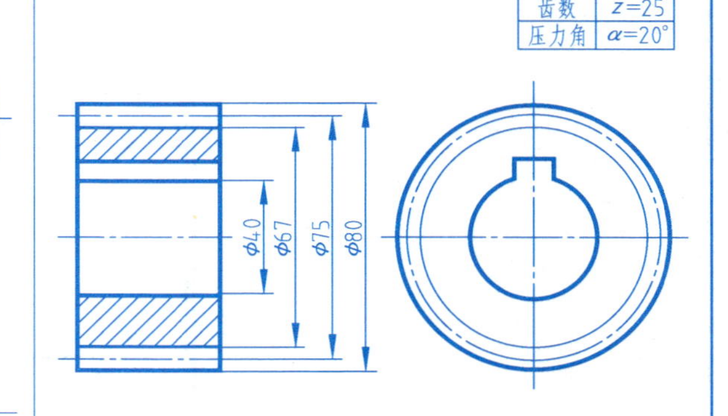

错误 1：________________________________

错误 2：________________________________

错误 3：________________________________

2. 单个齿轮的参数计算和画法。

已知标准直齿圆柱齿轮的模数 $m=3\text{mm}$，$z=30$，计算确定齿轮各部分尺寸，并将主、左视图画完全。

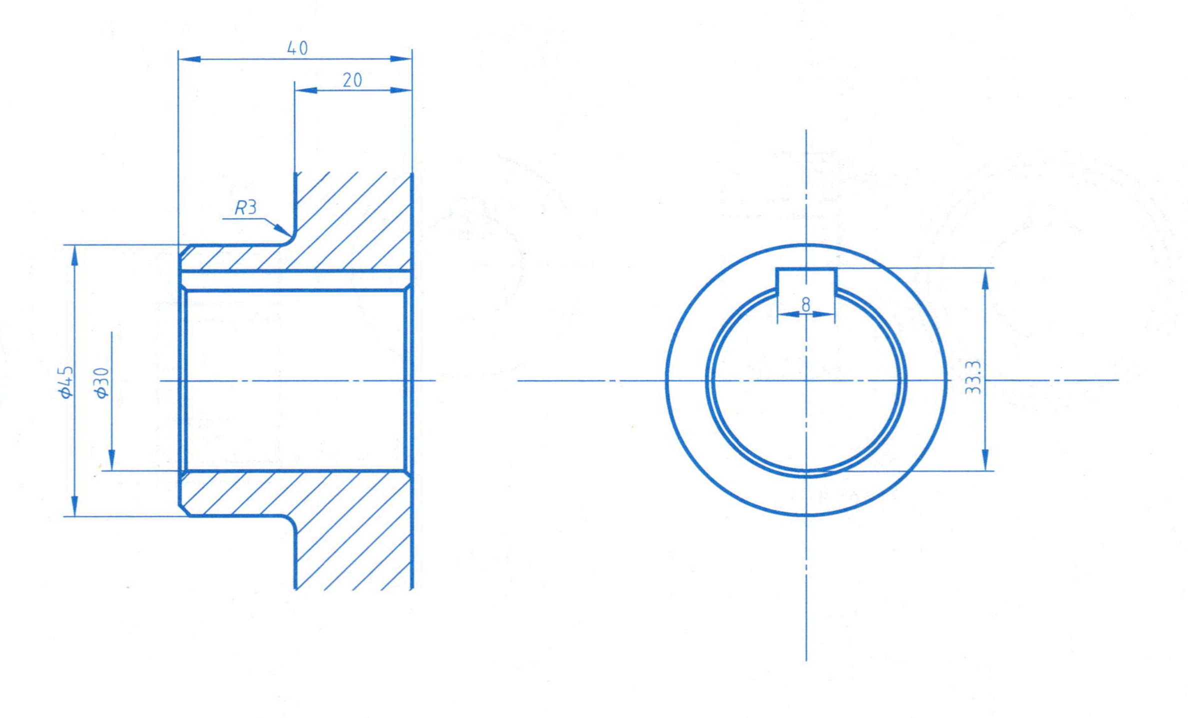

1. 补全齿轮啮合的画法。

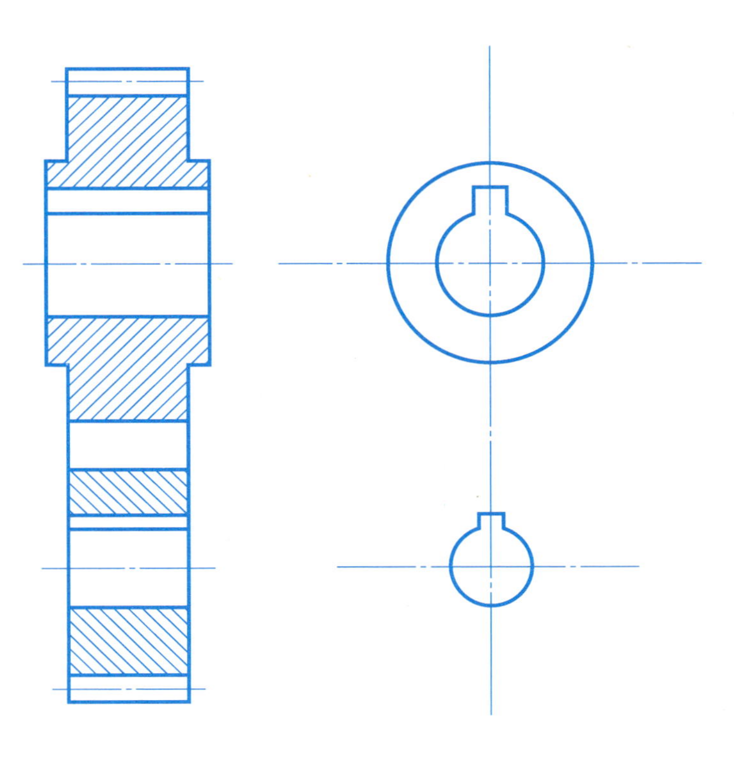

2. 已知大齿轮 $m=4\text{mm}$，$z_2=36$，两轮中心距 $a=112\text{mm}$，试计算有关尺寸，绘制齿轮啮合图。

计算：

（1）小齿轮

1）分度圆 d_1 =________________。

2）齿顶圆 d_{a1} =________________。

3）齿根圆 d_{f1} =________________。

（2）大齿轮

1）分度圆 d_2 =________________。

2）齿顶圆 d_{a2} =________________。

3）齿根圆 d_{f2} =________________。

（3）传动比 i=________________。

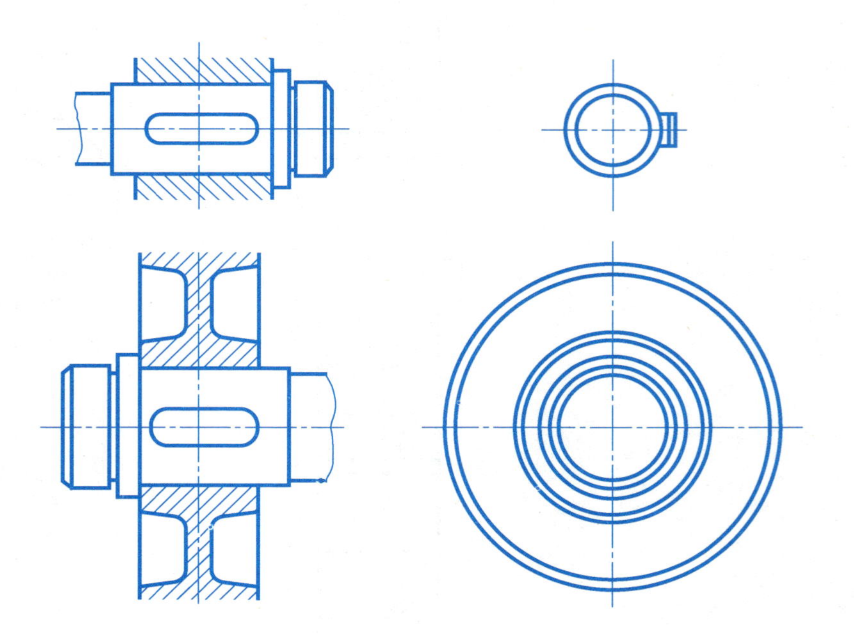

班 级______ 学 号______ 姓 名______ 成 绩______

已知锥齿轮的模数 $m=4\text{mm}$，齿数 $z=25$，分度圆锥角 $\delta=45°$，计算、查表确定各部分尺寸，并补全视图。

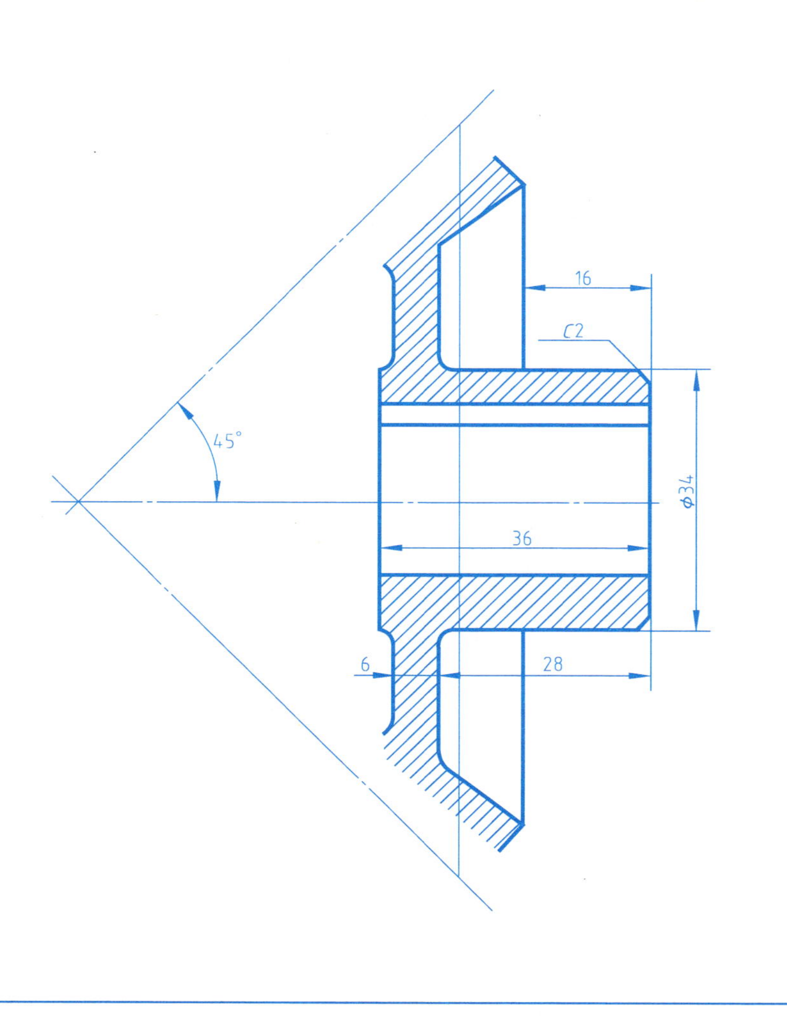

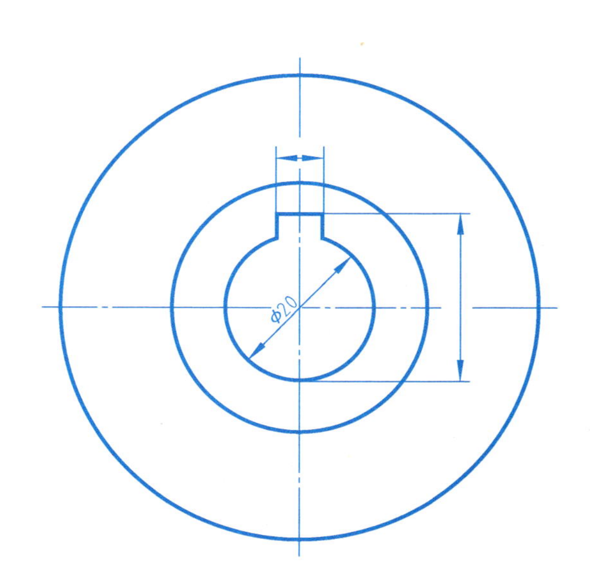

*四、蜗轮蜗杆的画法

班　级______　学　号______　姓　名______　成　绩______

已知一对互相啮合的蜗杆、蜗轮，计算蜗杆、蜗轮各部分尺寸，完成它们的啮合图。

蜗杆模数 $m=2.5\text{mm}$

蜗杆头数 $z_1=1$

蜗轮齿数 $z_2=29$

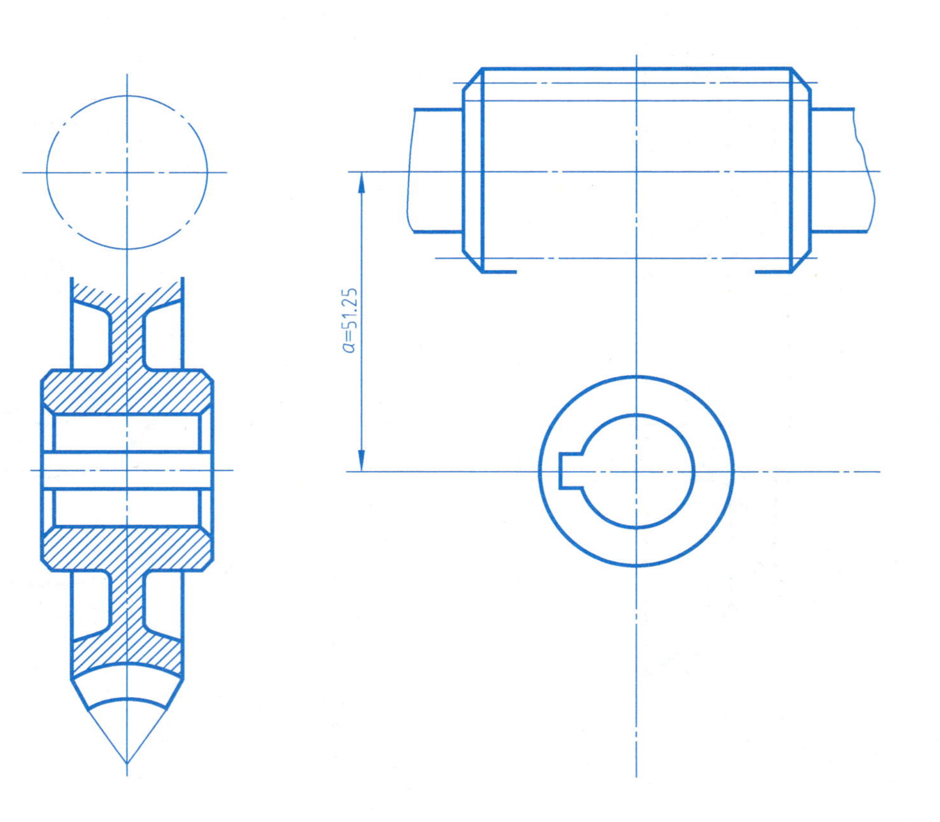

项目 6　识读和绘制设备装配图

任务 6.1　认识和识读行程开关装配图

认识装配图　　　　班　级______　学　号______　姓　名______　成　绩______

1. 识读行程开关装配图，完成填空。

（1）该设备名称为________，绘图比例是________。

（2）行程开关由________种零件组成，其中数量为 2 的零件有________、________和________。

（3）3 号零件名称为________，其作用是________。与 5 号零件________（是/不是）同一种零件。

（4）图中属于配合尺寸的有________，总体尺寸有________，ϕ2mm 为________尺寸。

（5）图中零件 1 不剖采用的是________画法，零件 4 *A* 向视图采用的是________画法，零件 10 采用的是________画法，图中双点画线处是________画法。

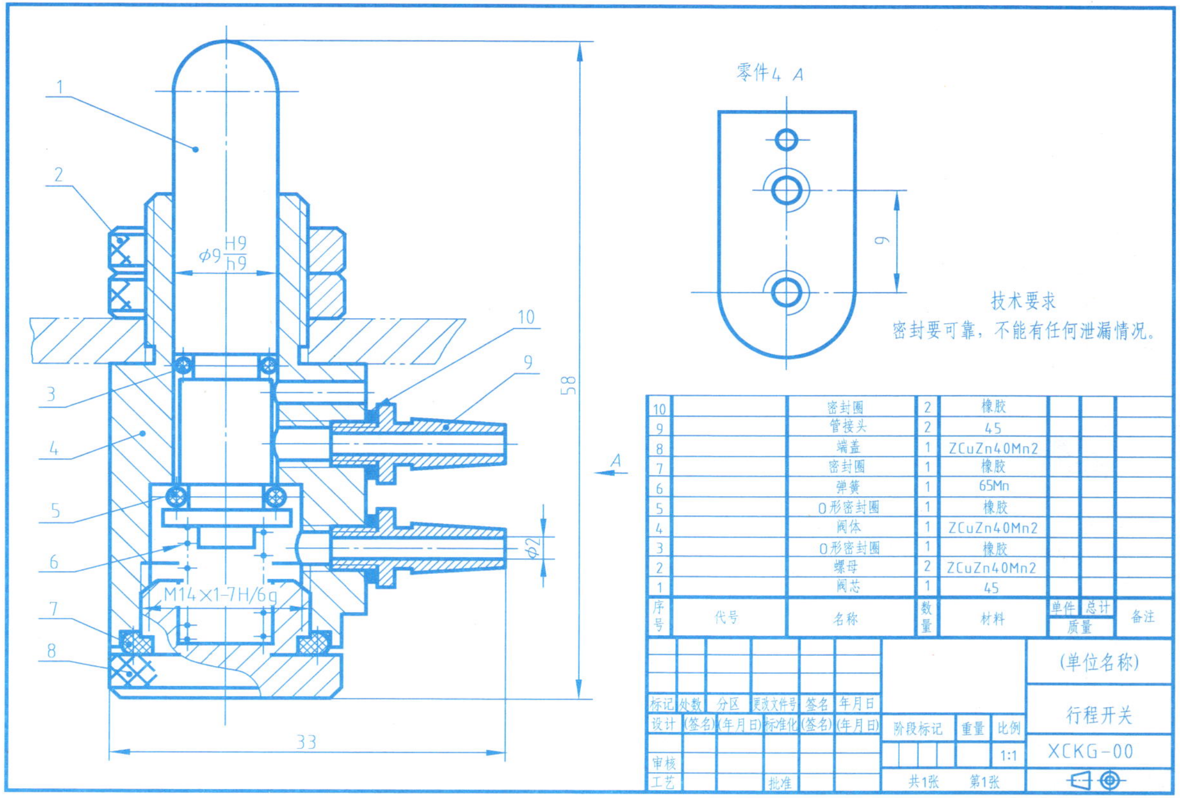

1　2　3　4　5　6　7　8　9　10

$\phi9\frac{H9}{h9}$　M14×1-7H/6g　58　33　ϕ2

零件4 *A*　9　*A*

技术要求

密封要可靠，不能有任何泄漏情况。

10		密封圈	2	橡胶			
9		管接头	2	45			
8		端盖	1	ZCuZn40Mn2			
7		密封圈	1	橡胶			
6		弹簧	1	65Mn			
5		O形密封圈	1	橡胶			
4		阀体	1	ZCuZn40Mn2			
3		O形密封圈	1	橡胶			
2		螺母	2	ZCuZn40Mn2			
1		阀芯	1	45			
序号	代号	名称	数量	材料	单件 质量	总计 质量	备注

标记	处数	分区	更改文件号	签名	年月日			(单位名称)
设计	(签名)	(年月日)	标准化	(签名)	(年月日)	阶段标记	重量　比例	行程开关
审核							1:1	XCKG-00
工艺			批准			共1张	第1张	

2. 识读阀门装配图，完成填空。

（1）该设备共由________种零件组成，其中 5 号零件名称为________，数量为________。

（2）主视图的表达方法有________和________，左视图的表达方法是________，俯视图的表达方法是________。

（3）件 6 为实心件，一般不剖，在主视图中该零件下端采用了局部剖的目的是________。

（4）件 6 上端框里细实线表示________面，采用的是________画法。

（5）$R_p1/2$ 表示是________螺纹，“1/2”表示的是________，查表该螺纹的大径为________，小径为________。这种螺纹的优点是________。

（6）图示状态时，阀门是________（打开/关闭）的，将件________旋转 90° 可切换到另一状态。

（7）图中表示性能尺寸的是________，装配尺寸有________，安装尺寸有________，外形尺寸有________。

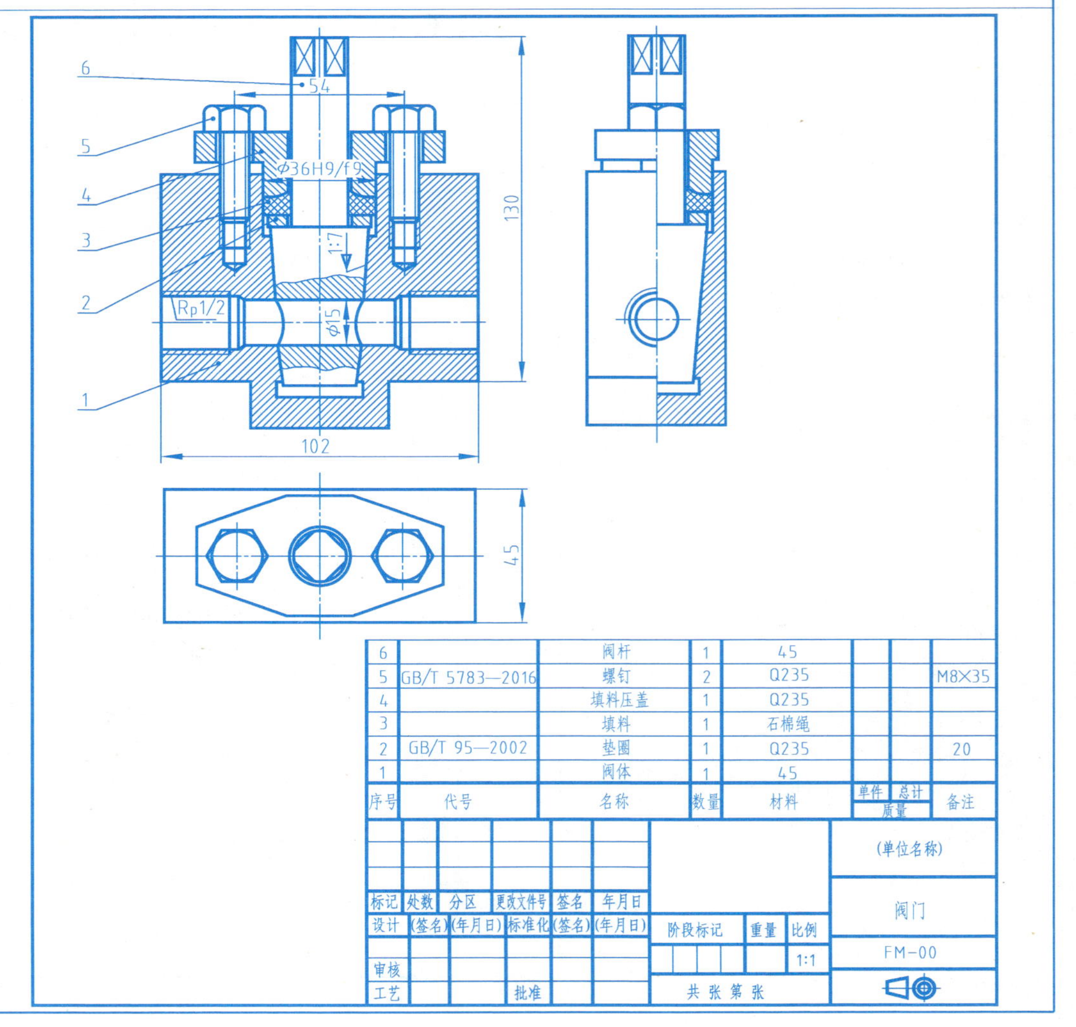

序号	代号	名称	数量	材料	单件质量	总计质量	备注
6		阀杆	1	45			
5	GB/T 5783—2016	螺钉	2	Q235			M8×35
4		填料压盖	1	Q235			
3		填料	1	石棉绳			
2	GB/T 95—2002	垫圈	1	Q235			20
1		阀体	1	45			

标记	处数	分区	更改文件号	签名	年月日				(单位名称)
设计	(签名)	(年月日)	标准化	(签名)	(年月日)	阶段标记	重量	比例	阀门
								1:1	FM-00
审核									
工艺			批准			共 张 第 张			

任务 6.2　识读气缸装配图

识读装配图

班　级______　学　号______　姓　名______　成　绩______

1. 识读气缸装配图，完成填空。

序号	代号	名称	数量	材料	单件	总计	备注
13	GB 93—1987	垫圈 6	8				
12	GB/T 70.1—2008	螺钉 M6×20	8				
11		后盖	1	HT150			
10	GB/T 812—1988	螺母 M12×1.25	1				
9	GB/T 858—1988	垫圈 12	1				
8		活塞	1	ZAlSi12			
7		密封圈	2	橡胶			
6		垫片	1	石棉橡胶板			
5		缸筒	1	HT200			
4		垫片	2	石棉橡胶板			
3		前盖	1	HT150			
2		密封圈	1	橡胶			
1		活塞杆	1	45			
序号	代号	名称	数量	材料	质量		备注

标记	处数	分区	更改文件号	签名	年月日		(单位名称)
设计	(签名)	(年月日)	标准化	(签名)	(年月日)	阶段标记 / 重量 / 比例	气缸
审核						1:1	QG-00
工艺			批准			共 1 张　第 1 张	

1. 识读气缸装配图，完成填空。

（1）气缸由________种零件组成，其中8号零件名称为________，数量为________，所起的作用是________。

（2）气缸的工作原理是：右侧 $R_c1/4$ 气口进气，推动________号零件向________移动，该零件带动________号零件向________移动，缸体内的气体通过左上 $R_c1/4$ 气口排出，活塞杆伸出；活塞杆要缩回时，________气口进气，________气口排气。

（3）气缸的密封是通过________________等零件实现的。

（4）两个气口采用 $R_c1/4$ 的原因是________。

（5）活塞杆左端采用局部剖是为了表达________________。

（6）图中表示性能尺寸的有________，表示装配尺寸的有________，表示安装尺寸的有________，表示外形尺寸的有________。

2. 识读柱塞泵装配图，完成填空。

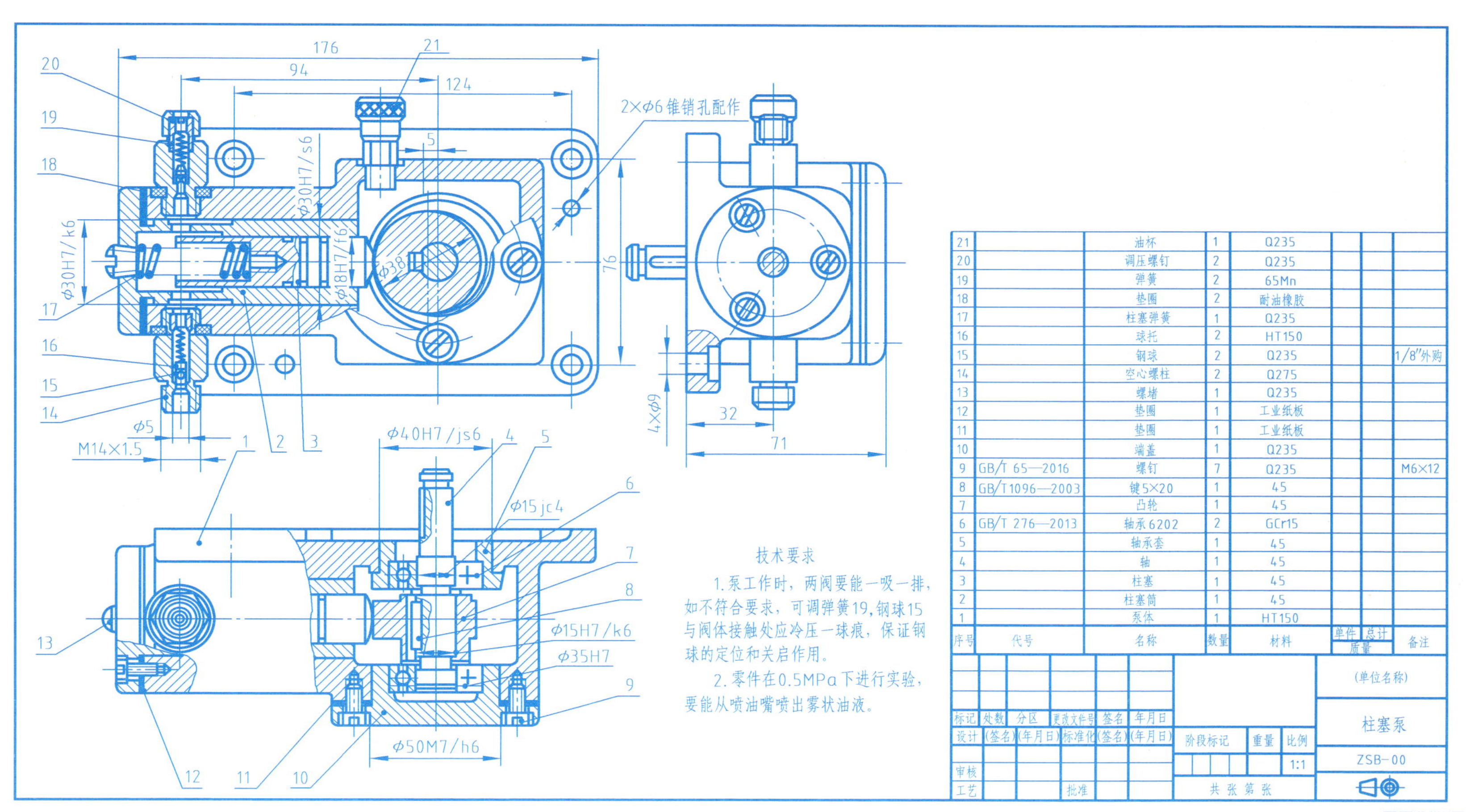

序号	代号	名称	数量	材料	单件 质量	总计 质量	备注
21		油杯	1	Q235			
20		调压螺钉	2	Q235			
19		弹簧	2	65Mn			
18		垫圈	2	耐油橡胶			
17		柱塞弹簧	1	Q235			
16		球托	2	HT150			
15		钢球	2	Q235			1/8″外购
14		空心螺柱	2	Q275			
13		螺堵	1	Q235			
12		垫圈	1	工业纸板			
11		垫圈	1	工业纸板			
10		端盖	1	Q235			
9	GB/T 65—2016	螺钉	7	Q235			M6×12
8	GB/T1096—2003	键5×20	1	45			
7		凸轮	1	45			
6	GB/T 276—2013	轴承6202	2	GCr15			
5		轴承套	1	45			
4		轴	1	45			
3		柱塞	1	45			
2		柱塞筒	1	45			
1		泵体	1	HT150			

2. 识读柱塞泵装配图，完成填空。

（1）该机器由________种零件组成，其中 18 号零件名称为________，数量为________，所起的作用是________。

（2）柱塞泵的工作原理是：电动机带动________号零件转动，该零件通过________号零件连接带动________号零件转动，从而推动________号零件左右移动，当________号零件往右移动时，泵体内腔体变________，压力变________，外界的压力冲开________方的钢珠，油、气等进入泵体，此时________方的钢珠因内、外压差是________（打开、封闭）的；当________号零件往左移动时，泵体内腔体变________，压力变________，________方的钢珠回落，堵住进油口，内腔的压力冲开________方的钢珠，油、气等输出。因此，此泵工作时，进、出油口是________（单向、双向）工作的。

（3）柱塞泵的密封是通过____________________等零件实现的。润滑是通过________解决的。

（4）2×ϕ6mm 锥销是起________作用的。

3. 识读拉马装配图，完成填空。

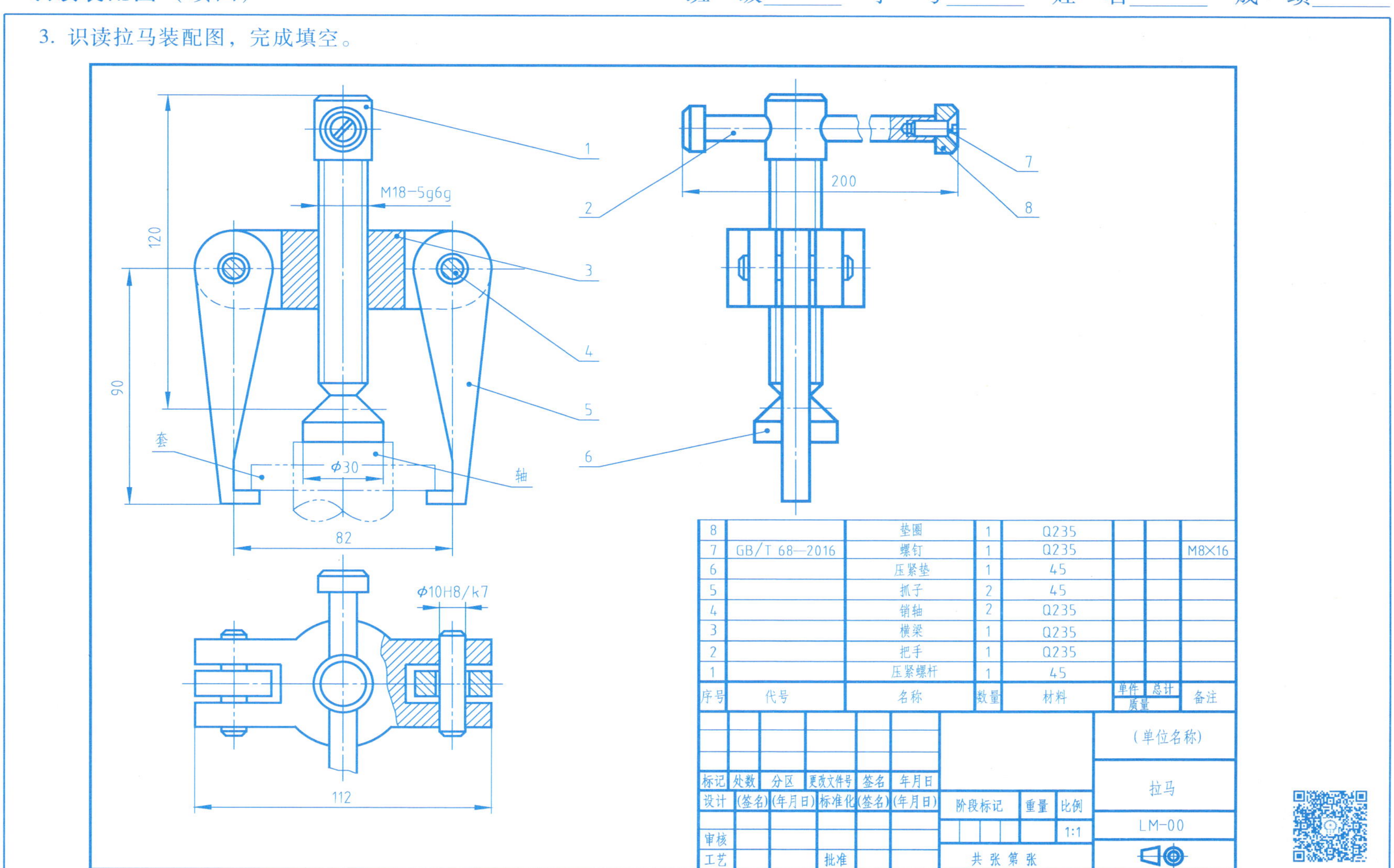

序号	代号	名称	数量	材料	单件 质量	总计 质量	备注
8		垫圈	1	Q235			
7	GB/T 68—2016	螺钉	1	Q235			M8×16
6		压紧垫	1	45			
5		抓子	2	45			
4		销轴	2	Q235			
3		横梁	1	Q235			
2		把手	1	Q235			
1		压紧螺杆	1	45			

3. 读拉马装配图，完成填空。

（1）拉马共由________种零件组成，其中 5 号零件名称为________，数量为________，材料是________。

（2）主视图采用的是________________表达方法，左视图采用的是________________表达方法，俯视图采用的是________________表达方法。

（3）主视图下方用双点画线表示的是________和________两个零件，这种叫________画法。

（4）拉马的工作原理是：转动________号零件，带动________号零件，利用________和________之间的螺纹传动，使________号零件向下运动顶出轴。

（5）ϕ10H8/k7 是序号________和________两个零件的配合尺寸，采用的是________制，配合种类为________。

（6）“112” 属于____________________尺寸，“90” 和 “82” 属于____________________尺寸。

（7）为 3 号件选择正确的视图________。

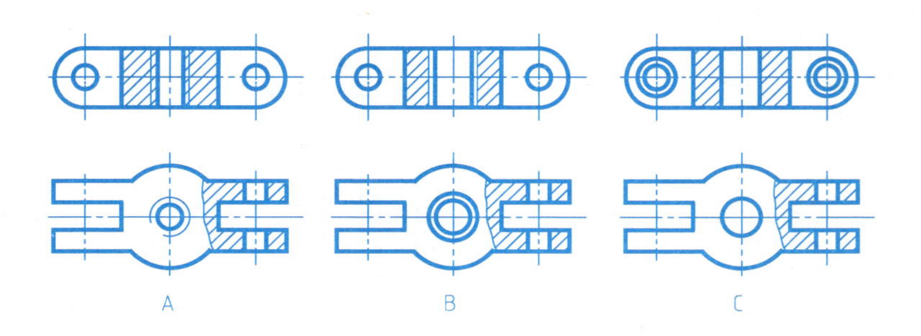

4. 识读钻模装配图，完成填空。

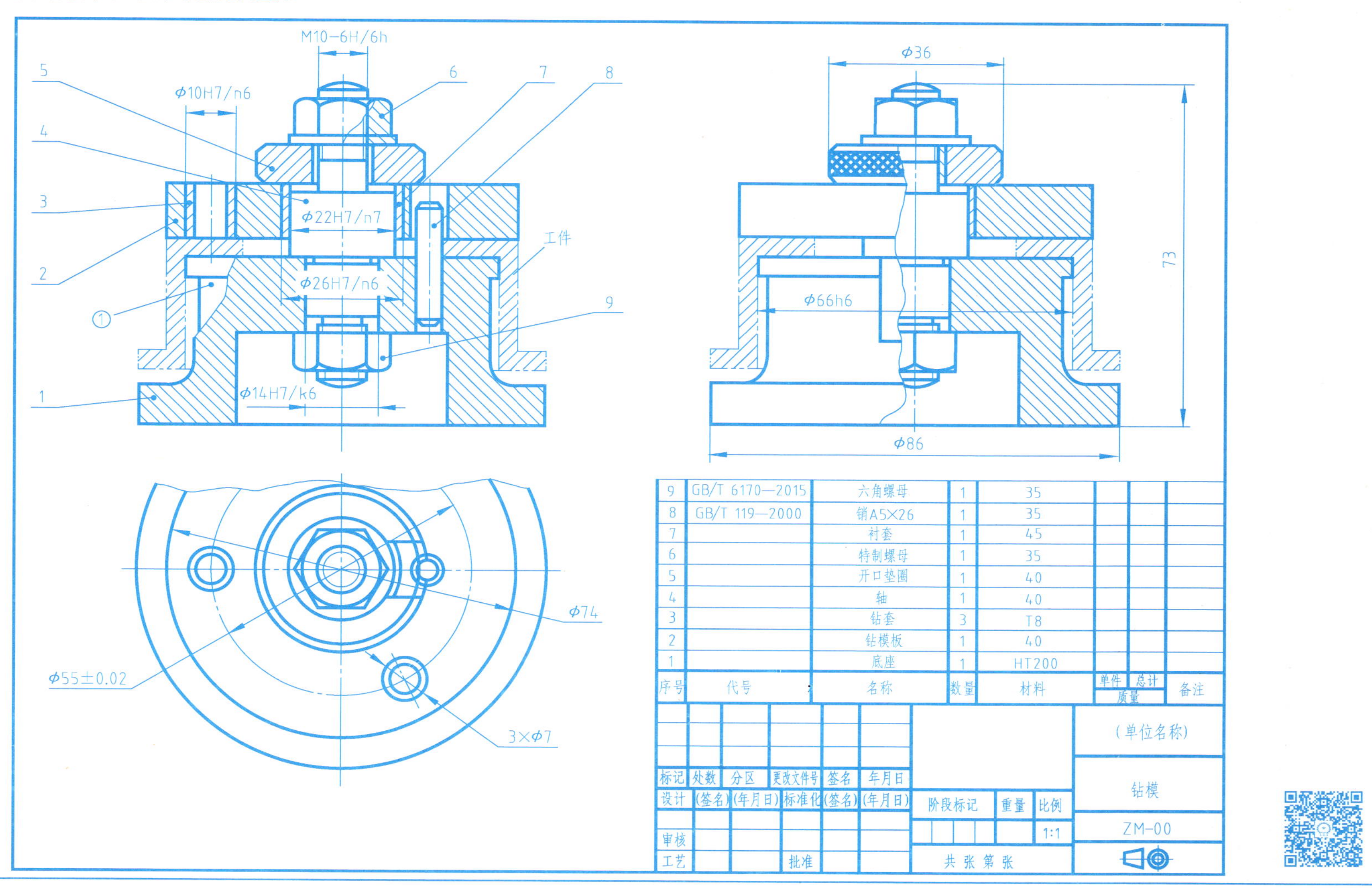

4. 识读钻模装配图，完成填空。

（1）该机器共由________种零件组成，其中标准件有________种，名称是____________________。

（2）主视图和左视图中用双点画线表示的是________零件，这是________画法。

（3）主视图采用的表达方法是____________________，左视图采用的表达方法是____________________，俯视图采用的表达方法是________________。

（4）钻模的总体尺寸有________，配合尺寸有________________________________，规格性能尺寸有________________，ϕ36mm 为________________尺寸。

（5）要取下被加工工件，请按拆卸顺序写出零件序号：____________________________。

（6）其中①指的是________号零件的投影，其作用是____________________________。

（7）M10-6H/6h 表示的是________螺纹，6H 为____________________，6h 为____________________。

（8）3 号零件的作用是________________________。

（9）工件上共钻________个孔，孔径为________。

（10）在下方拆画出 2 号零件的俯视图（尺寸在装配图上量取）。

任务 6.3　绘制截止阀装配图

绘制钻模装配图

班　级______　学　号______　姓　名______　成　绩______

根据钻模的零件图和装配示意图绘制装配图。

要求和说明

（1） A3 图幅，1：1 比例。

（2） 相关尺寸。

1） 性能尺寸：

模座方孔尺寸 18H9、22H9。

模体孔尺寸 ϕ20H7。

套筒的内径尺寸 ϕ12H7。

2） 装配尺寸：

套筒 4 与模体 2 的配合尺寸 ϕ20H7/n6。

把手 6 与模体 2 的连接尺寸 M12-6H/5g。

柱销 5 与模体 2 的配合尺寸 ϕ6M7/h6。

柱销 5 与模座 1 的配合尺寸 ϕ6M7/h6。

3） 总体尺寸：自行计算。

（3） 技术要求。

1） 应注意避免碰上装配体零件。

2） 装配后把手应能灵活转动。

（4） 装配示意图。

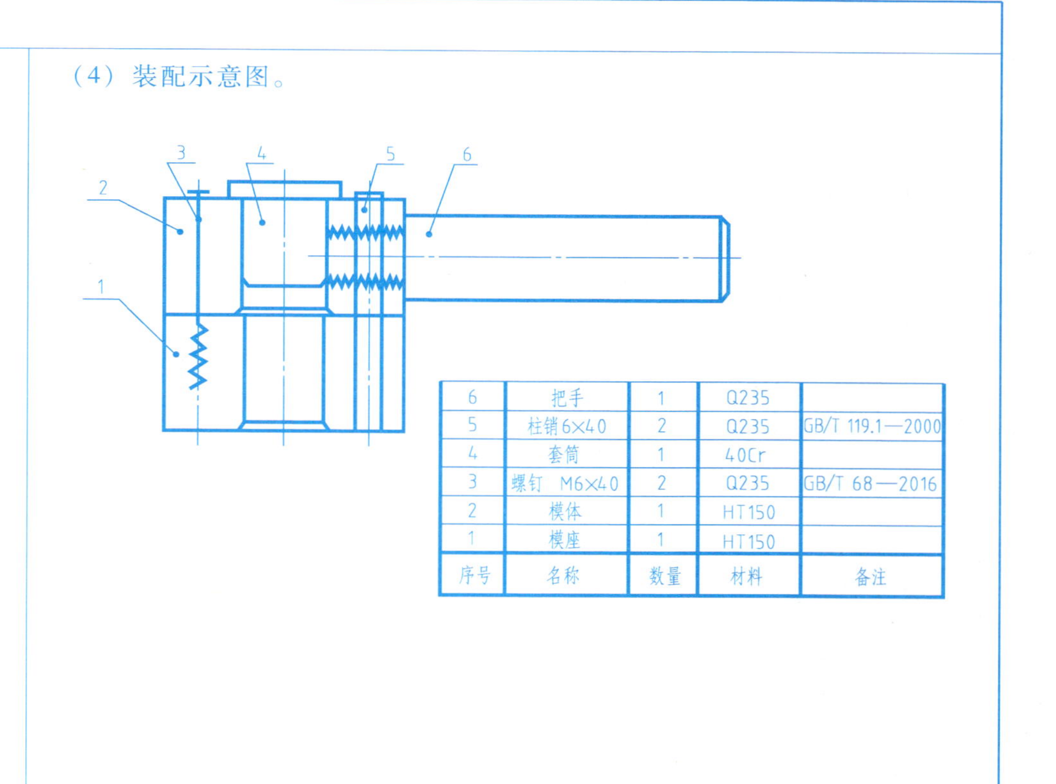

6	把手	1	Q235	
5	柱销 6×40	2	Q235	GB/T 119.1—2000
4	套筒	1	40Cr	
3	螺钉　M6×40	2	Q235	GB/T 68—2016
2	模体	1	HT150	
1	模座	1	HT150	
序号	名称	数量	材料	备注

根据钻模的零件图和装配示意图绘制装配图。

（5）零件图。

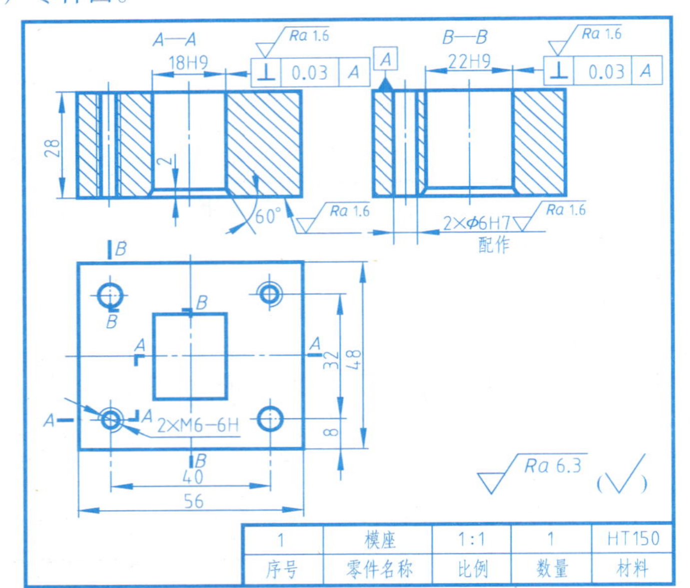

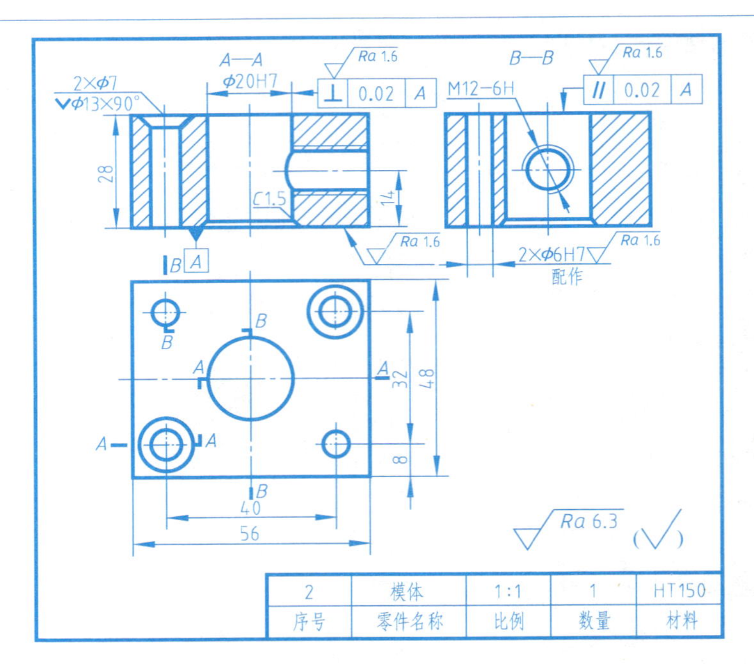

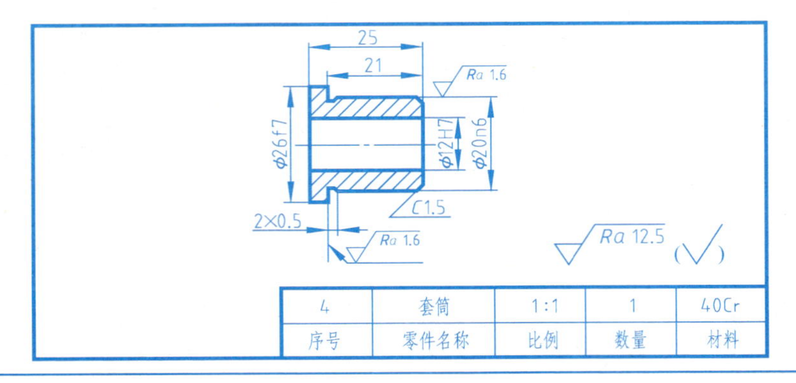

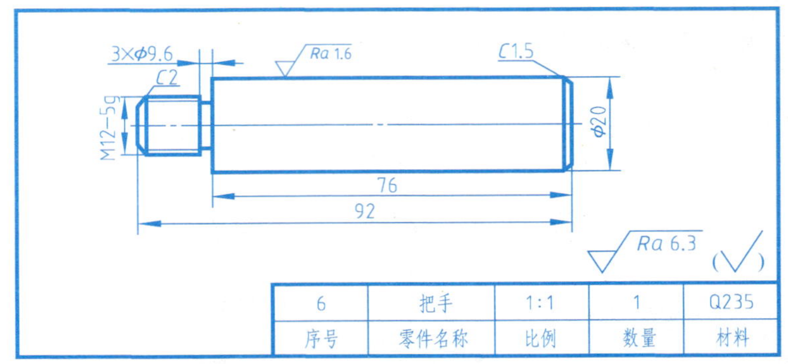

任务 6.4 使用 AutoCAD 绘制微型调节支承设备装配图

绘制千斤顶装配图

班 级______ 学 号______ 姓 名______ 成 绩______

根据千斤顶的零件图和装配示意图绘制装配图。

要求和说明

（1） A3 图幅，1：1 比例。

（2） 工作原理：用铰杠穿入螺杆 1 上部孔中（通孔），转动铰杠，带动螺杆 1 转动，通过螺杆 1 与螺母 2 之间的螺纹传动使螺杆上升而顶起重物。

（3） 相关尺寸。

① 性能尺寸：千斤顶高度尺寸 229~300mm。

② 装配尺寸：

底座 6 与螺母 2 的配合尺寸 ϕ65H8/f7。

螺杆 1 与螺母 2 的连接尺寸 B50×8-8H/7e。

③ 总体尺寸：总高 229~300mm，总长总宽 ϕ130mm。

④ 安装尺寸：把手孔直径 ϕ20mm。

（4） 技术要求。

① 应确保螺纹正确旋合。

② 装配后把手应能灵活转动。

（5） 装配示意图。

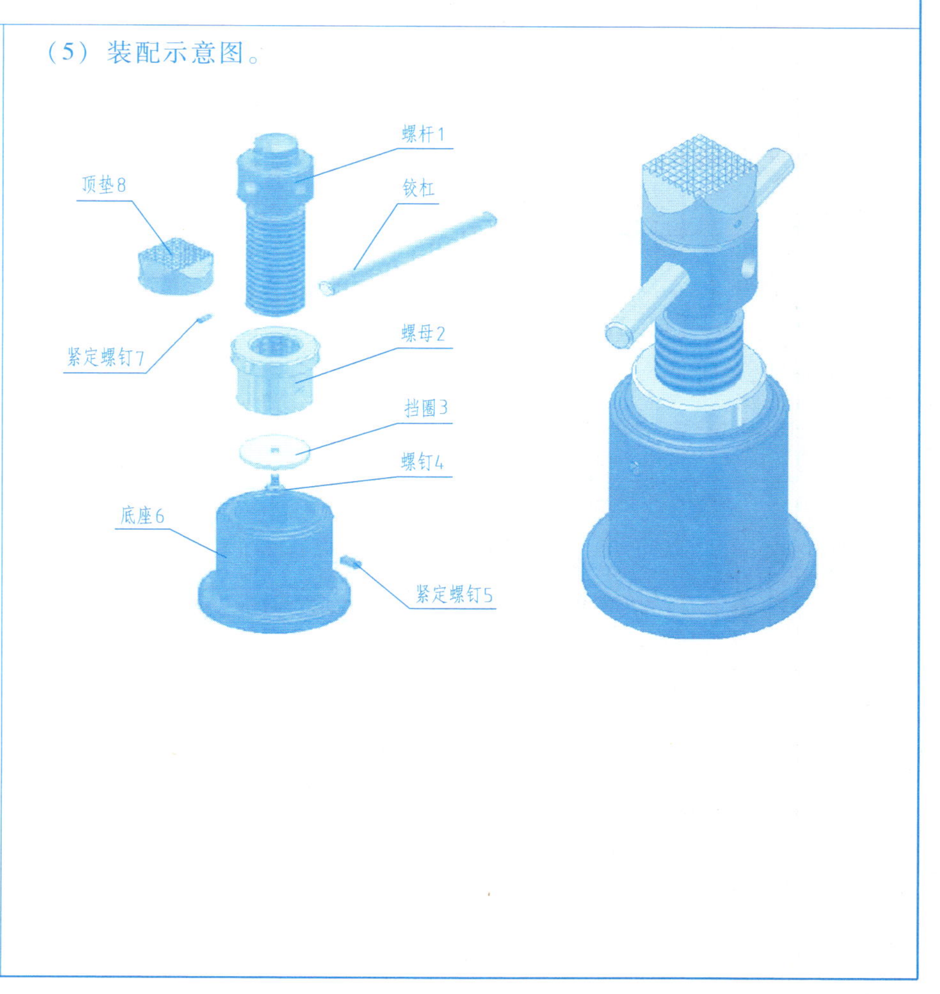

根据千斤顶的零件图和装配示意图绘制装配图。

（6）零件图。

技术要求

1.未注圆角R3，未注倒角C2。

2.热处理，调质220～240HBW。

1	螺杆	1:1	1	45
序号	零件名称	比例	数量	材料

8	顶垫	1:1	1	45
序号	零件名称	比例	数量	材料

2	螺母	1:1	1	Q235
序号	零件名称	比例	数量	材料

3	挡圈	1:1	1	Q235
序号	零件名称	比例	数量	材料

技术要求

未注圆角R3。

6	底座	1:1	1	HT200
序号	零件名称	比例	数量	材料

参考文献

[1] 王槐德. 机械制图新旧标准代换教程 [M]. 3版. 北京：中国标准出版社，2017.

[2] 钱可强. 机械制图 [M]. 5版. 北京：高等教育出版社，2018.

[3] 胡建生. 机械制图（多学时）[M]. 4版. 北京：机械工业出版社，2020.

[4] 于景福，孙丽云，王彩英. 机械制图 [M]. 北京：机械工业出版社，2016.

[5] 余晓琴，尹业宏. 机械制图正误对比300例 [M]. 北京：机械工业出版社，2011.

[6] 胥进，周玉. 机械制图 [M]. 3版. 北京：北京理工大学出版社，2016.

[7] 天工在线. 中文版AutoCAD 2022从入门到精通 [M]. 北京：中国水利水电出版社，2021.

[8] CAD/CAM/CAE技术联盟. AutoCAD 2022中文版入门与提高：标准教程 [M]. 北京：清华大学出版社，2022.

[9] 邵立康，陶冶，樊宁，等. 全国大学生先进成图技术与产品信息建模创新大赛命题解答汇编（1-11届）[M]. 北京：中国农业大学出版社，2019.

[10] 邵立康，陶冶，樊宁，等. 全国大学生先进成图技术与产品信息建模创新大赛第12、13届命题解答汇编 [M]. 北京：中国农业大学出版社，2021.

[11] 陶冶，邵立康，王静，等. 全国大学生先进成图技术与产品信息建模创新大赛第14、15届命题解答汇编 [M]. 北京：中国农业大学出版社，2023.

[12] 王静. 新标准机械图图集 [M]. 北京：机械工业出版社，2014.